马铃薯全程标准化概论

农业农村部农产品质量安全中心　组编

中国农业出版社
北　京

图书在版编目（CIP）数据

马铃薯全程标准化概论 / 农业农村部农产品质量安全中心组编 .—北京：中国农业出版社，2021.6
ISBN 978-7-109-28385-5

Ⅰ. ①马…　Ⅱ. ①农…　Ⅲ. ①马铃薯—栽培技术—标准化　Ⅳ. ①S532-65

中国版本图书馆 CIP 数据核字（2021）第 115613 号

中国农业出版社出版
地址：北京市朝阳区麦子店街 18 号楼
邮编：100125
责任编辑：廖　宁　　文字编辑：姚　澜
版式设计：王　晨　　责任校对：吴丽婷
印刷：北京中兴印刷有限公司
版次：2021 年 6 月第 1 版
印次：2021 年 6 月北京第 1 次印刷
发行：新华书店北京发行所
开本：700mm×1000mm　1/16
印张：9.5
字数：220 千字
定价：58.00 元

主　　编　金发忠　孙　珅　李玉刚

统筹主编　陈金发　寇建平　王子强　李连瑞　王立奇　王爱民
李洪国　王兆宪　王永石　王纯久　王蕴琦　吴　昊
孙国臣　邹　浩　温　和　丁泉宁　李拥军　李岩松
安剑亮　魏宇光　孔　巍

技术主编　白艳菊　刘　刚　吕金庆　田世龙　蒙美莲　蔡兴奎
刘卫平　曾凡逵　唐海波　王　峰　卢海燕　范国权

主要参编人员（按姓氏笔画排序）

丁保华　万靓军　马　爽　王　艳　王　腾　王爱华
毛彦芝　龙婉蓉　申　宇　刘学刚　刘新宇　孙旭红
李大心　李春天　杨　玲　杨云燕　邱广伟　邱彩玲
宋宏宇　张　抒　张　威　张　勐　张　锋　张　薇
张会员　张梦飞　陆友龙　武新娟　范宗仁　金　诺
赵　飞　郝文革　姜　燕　姜雅秋　姚文英　徐丽莉
高　芳　高艳玲　龚娅萍　谢　璇　路馨丹　黎　畅

前言
FOREWORD

马铃薯起源于南美洲安第斯山脉的的喀喀湖（Lake Titicaca），16世纪中期作为观赏植物传入欧洲，17世纪传入中国。马铃薯产量潜力大，每亩产量可达5 000kg。由于马铃薯抗逆性强，即使在环境恶劣的贫瘠土壤中生长，也有较高产量。马铃薯营养丰富，富含多种微量元素，适宜深加工成附加值高的产品，是我国主要农作物之一。

马铃薯和其他作物不同，生长期易被病害侵染，造成减产。因此，马铃薯的生产、加工、流通等各个环节都有较高的技术要求。马铃薯生产是一项复杂性、系统性很强的工作，对技术的依赖性更为突出。因此，标准在马铃薯产业发展中的作用也更加重要，标准化生产可加速马铃薯产业水平的整体提高。同时，标准本身的质量、标准的贯彻实施与标准化生产体系建设紧密相关。

标准是行业专家与企业代表在充分的理论基础和丰富的经验基础上高度凝练形成的科学技术成果，其有效性与执行者的理解、认知和实施程度密切相关。即使制定了完善、科学、系统的标准，执行者的理解程度和执行力度不够，也将无济于事。要想让标准在生产和市场中发挥作用，必然要先提高种植户和企业工作人员对标准的认识，之后才是自觉执行标准或必要时行政干预标准的实施。我国马铃薯生产标准化建设虽然取得了很大成就，但还有一些不足之处。本书对我国马铃薯标准化生产各环节的标准进行梳理，将碎片化的标准进行层次性、归纳性、解释性的陈述，必要时附加图、表、基本常识和背景资料等进一步解读，旨在帮助读者更容易读懂、理解标准，更好地落实到生产中。

本书解读内容包含马铃薯种质资源、种薯和商品薯质量控制、栽培生产、病虫草害防治和检测、机械化、加工、储藏及农业气象观测等贯穿产业全程的一系列标准，全面覆盖马铃薯产前、产中和产后各环节，可促进标准更有效地实施。

本书是国内首部以标准指导马铃薯生产的著作，有助于广大生产者系统掌握标准，生产出合格产品，促进马铃薯产业的标准化。

本书在编写过程中，查阅了国内外马铃薯相关标准，参考了大量文献资料，借鉴了许多科研人员经过刻苦钻研、探索得出的珍贵研究成果。此外，本书的编写还得到了有关行业专家与学者的鼎力相助，在此一并表示衷心感谢。由于编者水平有限，书中难免有疏漏、不足之处，恳请广大读者谅解并批评指正。

编　者

2021年3月

目录
CONTENTS

我国马铃薯标准体系建设现状与展望

标准是组成标准体系的要素，是标准化活动的核心。马铃薯标准体系是马铃薯相关标准按其内在联系形成的科学的有机整体。合理的层次结构、良好的标准质量，是确保标准化活动有效进行的基础。因此，构建科学合理、先进适用的马铃薯标准体系，是做好马铃薯标准化工作的第一要务。1982 年，第一个马铃薯标准《马铃薯种薯生产技术操作规程》（GB 3243—82）开启了我国马铃薯标准化生产的研究。经过近 40 年的发展，初步形成了马铃薯产前、产中、产后的标准体系框架，使马铃薯产业逐渐从无序状态走向规范化生产。马铃薯与其他作物有很大区别，马铃薯生产涉及的技术点密集，企业掌握技术的数量和成熟度决定了产量和质量差异。标准本身的水平、标准的贯彻实施以及标准生产体系建设与产业发展水平紧密相关。目前，只有部分生产者学标准、用标准，马铃薯标准化生产还未完全普及。因此，标准的宣贯和推广将会促进标准的落实。

马铃薯产业的标准化是现代农业的重要特征，在众多科研、农业推广和质检等工作者多年的努力下，我国出台了一系列贯穿产业链的标准，为马铃薯产业的发展提供了技术支持。本书比较了我国马铃薯标准体系现状，梳理了马铃薯产业所取得的科技成果、先进技术、实践经验，提出了马铃薯产业标准体系建设方向。系统构建科学完善的马铃薯质量标准体系，灵活使用标准，是我国进一步规范马铃薯产业活动、提升马铃薯产业发展水平的关键。

一、马铃薯标准体系现状

马铃薯是一种营养丰富的粮菜兼用型作物，其抗性强、适应范围大，与我国当前三大粮食作物水稻、玉米和小麦相比，水肥利用率更高。在我国，马铃薯生产区域分布广泛，主要集中在甘肃、内蒙古、陕西、云南、四川、贵州、黑龙江、河北和陕西等省（自治区）。近 10 年来，我国马铃薯生产规模总体平稳，单产略有上升。目前，马铃薯种植面积增加能力有限，但单产还有很大提升空间。我国现代化农业发展存在的普遍性问题在马铃薯生产中同样存在，如种质资源短缺、育种条件有限、新品种及规范化栽培技术推广难、机械化普及率低等，从而导致马铃薯的单产一直低于世界平均水平。为进一步激发马铃薯生产活力，保障马铃薯种植面积稳定增加，必须加快完善和健全马铃薯标准体系，加快标准制定、修订和推广应用，切实贯彻马铃薯标准生产，严格控制马铃薯加工产品的质量，实现从田间到餐桌的全程质量控制，保障马铃薯生产的高产、优质、高效、生态和安全。

标准体系是指一定范围内的标准按其内在联系形成的科学有机整体，马铃薯标准体系则是马铃薯产业发展中所遵循的基础标准、产品标准、过程标准等组成的有机整体。经过多年发展，我国马铃薯标准体系建设取得了明显成效，初步形成了国家标准、行业标准、地方标准等多个层级互为补充的技术标准体系框架，行业管理不断加强，标准内容不断拓展，科技含量逐步提高，区域特点和地方特色进一步凸显。

1. 标准的类型　标准是对重复性事物和概念所做的统一规定，它以科学、技术和实践经验的综合成果为基础，经过有关方面协商一致，由主管机构批准，以特定的形式发布，作为共同遵守的准则和依据。按照标准的层次，我国主要分为国家标准、行业标准、地方标准和企业标准。按标准实施约束力可分为强制性标准、推荐性标准和指导性技术文件。

2. 标准的结构内容　马铃薯产业链主要涉及产前、产中、产后多个复杂的处理环节，涵盖品种选育、种薯生产、商品薯生产、病虫害鉴定及防控、储藏流通、产品后续加工等多项技术。

虽然我国马铃薯标准建设已经取得了突出的成绩，但标准还存在内容不够全面、缺少系统性的问题。在产品质量环节中，脱毒种薯的规范多，缺少顶层设计；商品薯规范少，流通缺少可依据标准。在病虫害检测环节中，重要病虫害检测种类覆盖不全面，如线虫方面有《马铃薯白线虫检疫鉴定方法》（SN/T 1723.1）和《马铃薯金线虫检疫鉴定方法》（SN/T 1723.2）2 项，对于滑刃线虫、针线虫、螺旋线虫等同样能对马铃薯造成危害的线虫，缺少相关标准；新发生病虫害检测标准制定不及时，限制、防控工作跟不上，造成新病害很快也成为主要病害。在生产管理中，种植机械相关标准陈旧，对于机械制造技术更新迅速的时代，超过 10 年的机械配套技术已不适用，远远不能满足当前中国马铃薯种植业发展的需要。在加工技术环节中，缺少马铃薯新兴加工产品的质量规范，需增加相应的质量控制标准。

3. 标准的实施应用　近年来，我国马铃薯标准体系发展迅速，标准体系建设取得了较大成绩，但是标准的实施与应用力度仍然有限。标准的制定一般是由科研院所牵头，专业的科技人员起草，实施应用的是马铃薯种植户和企业。标准从立项、起草、制定、发布到最后执行，自上而下的管理顺序清晰明了，但是自下而上的执行力度和反馈机制极其缺乏。

二、马铃薯标准体系建设现状

我国马铃薯从种植、储藏、加工到消费，全产业链均处于稳定、快速的发展中，而标准体系也沿着链条服务的产生而建设，老标准的修订和新标准的制定持续进行，一系列标准的发展和更新为保障粮食安全、企业发展、农民致富、健康消费等诸多方面作出了贡献。目前，我国的政策环境、产业发展和消费需求均促进了马铃薯标准体系进一步完善。

同时，虽然标准体系在马铃薯的生产、储藏、运输、销售、加工等环节意义重大，但种植户和企业家们的应用意识不强，贯彻不到位，不能在应用中发现问题、反馈意见。相关部门难以及时完善现有标准、增加急需标准，影响了我国马铃薯标准体系的建设和标准作用的充分发挥。

1. 政策环境　我国目前正处于全面推进现代化农业建设的重要时期，随着农业生产技术的进步和水平的提高，人们对农产品的要求已经由数量为主转到了质量安全层面。面对此形势，各级政府及农业农村部门均从现状出发，针对农业生产基础差、科学种植管理意识薄弱、生产组织化程度低等问题，采取相应的措施，从根本抓起、从实际入手，做好标准体系建设，推进农产品的规模化种植、标准化生产、商品化处理、品牌化销售、产业化经营，建立健全质量安全检测及追溯机制，提高农产品质量和产业化经营水平，把我国农产品打入国际市场。标准体系建设已成为各级政府和农业技术推广部门着力推进的问题。

《中共中央关于制定国民经济和社会发展第十四个五年规划和二〇三五年远景目标的建议》中提出：提升产业链供应链现代化水平，需“完善国家质量基础设施，加强标准、计量、专利等体系和能力建设，深入开展质量提升行动”；提高农业质量效益和竞争力，需“强化绿色导向、标准引领和质量安全监管”。农业农村部印发的《全国乡村产业发展规划（2020—2025年）》中明确提出坚持绿色引领、健全质量标准体系、培育绿色优质品牌。强调健全标准体系是乡村发展的重点任务，“制修订乡村休闲旅游业标准，完善公共卫生安全、食品安全、服务规范等标准，促进管理服务水平提升”。中共中央国务院印发的《关于深化改革加强食品安全工作的意见》中指出，要建立最严谨的标准，加快制修订标准、创新标准工作机制、强化标准实施以确保食品安全。农业农村部、国家市场监督管理总局等七部门联合印发的《国家质量兴农战略规划（2018—2022年）》提出：健全完善农业全产业链标准体系，应加快建立与农业高质量发展相适应的农业标准及技术规范。全面完善食品安全国家标准体系，加快制定农兽药残留、畜禽屠宰等国家标准，到 2022 年，制修订 3 500 项强制性标准。另外，《中华人民共和国农产品质量安全法》中第二章第十一至十四条，对农产品的质量安全标准有明确相关规定。所以，这一系列规划、法规均为标准化工作提出要求、指明方向，同时也提供了有力的政策保障。

2. **产业发展** 马铃薯是我国第四大粮食作物，据联合国粮食及农业组织（FAO）数据，2019 年我国马铃薯种植面积达到 491.5 万 hm^2，总产量 9 188.1万 t，均居世界首位。马铃薯在保证我国粮食安全、拉动地方经济方面起着重要的作用，特别是冬种马铃薯产业的发展，将促进马铃薯种植面积进一步扩大。近年来，立足我国资源禀赋和粮食供求形势，顺应居民消费升级的新趋势，国家不断强化政策支持力度，积极推进马铃薯产业发展。2016 年 2 月，为贯彻落实中央 1 号文件精神和新形势下国家粮食安全战略部署，农业部（现农业农村部）出台《关于推进马铃薯产业开发的指导意见》，把马铃薯作为主粮产品进行产业化开发，市场上出现了一系列以马铃薯为原料的食品，马铃薯相关食品的研发成为热点。

目前，我国马铃薯种植区域化格局已基本形成。根据气温、降水、土壤类型等自然条件划分为北方一作区、中原二作区、西南一二季混作区和南方冬作区 4 个区域，各区域马铃薯错季上市、相互补充。我国马铃薯平均单产水平较低，仅为 18.7 $t \cdot hm^{-2}$，但国内一些先进的企业单产可达 40～50 $t \cdot hm^{-2}$，说明我国马铃薯生产还有很大进步空间。国际上马铃薯产业发达的国家和国内优秀的马铃薯生产企业，均采用了严格的生产和市场标准规范。因此，以标准为指导和依托的严格的质量控制体系对于马铃薯产量和质量的保证起着至关重要的作用。

3. **消费需求** 改革开放以前，我国马铃薯消费方式较单一，主要用作鲜食、畜禽饲料和工业原料，仅少部分用于加工淀粉、粉丝（条）和粉皮。近年来，随着社会经济的快速发展和马铃薯生产规模的持续扩张，马铃薯的消费方式趋于多元化，新兴的马铃薯产品不断涌现，除了传统的加工产品，如淀粉、粉丝（条）和粉皮外，还有薯条、薯片、薯泥和薯类膨化食品等，使马铃薯的消费量迅速增加。

马铃薯热量较低，营养全面，能够适应现代居民对主食消费的新需求。我国马铃薯的生产方向逐渐由规模扩张转为质量升级，求数量的同时更注重质量，以满足人们由“吃得饱”转向“吃得好”的消费需求。因此，积极推进马铃薯主食产品开发，提供符合常规饮食习惯的马铃薯馒头、面包、面条等主食产品，可以促进产业的持续发展。这也就表示根据市场需求制定食品级标准，以满足消费市场为目的，进行规范化、高品质栽培，且保证其食用安全性，对于我国马铃薯消费市场的健康发展意义重大。

三、马铃薯标准体系的建设方向

现有的生产模式和管理模式已经满足不了我国马铃薯产业的蓬勃发展，马铃薯产业急需走出低水平重复建设，建立科学完善的标准体系是引领产业发展的必然趋势。科学完善的标准体系既包括标准本身技术水平的先进性，也包括标准合理配套和操作的可行性。标准质量和数量影响标准的运行效率，支撑着马铃薯各个方面的提升，从而促进产业升级和可持续发展。

1. **夯实基础标准**　同一个品种有多个名称，种薯同一个级别不仅有不一样的繁育方法，还有不一样的“命名”，诸如此类名称和定义上的混乱不仅出现在日常生产销售中，也出现在标准中。目前，马铃薯标准体系中缺少基础标准，术语和定义出现在不同的标准中，写法不统一，使标准使用者更加困惑。基础标准是搭建科学标准体系的重要的环节，是建立层次分明、衔接紧密、合理配套的标准体系的基本保障，具有普适性，对标准的正确理解和快速推广普及有重要作用。

2. **专业标准和综合标准有机结合**　标准的适用性比标准的数量和科技水平高低更重要，过多重复和相近的标准不利于标准的贯彻实施。一些综合标准中涵盖了专业标准内容，比如安全限量、营养元素等检测技术标准，一般性农药、化肥等投入品的质量标准，都能和其他作物通用，以引用方式融合，不需要制定专业标准。而与马铃薯特征特性有关的产地环境、植物保护、生产技术和产品质量标准则需要制定目标明确、措施针对性强的专业标准。专业标准和综合标准的有机结合，使标准体系更加清晰、简明、实用。

3. **产品质量标准与生产控制标准并重**　制定标准的目的是生产出合格、优质的马铃薯系列产品及制品，产品质量标准的高低决定了产品的实力和市场竞争力。产品质量标准立足于生产实际又高于平均质量水平，推动产业自我提升，这个自我完善的过程是循序渐进且永无止境的。其他的标准都是直接或间接为产品质量标准服务的。生产控制标准是产品质量标准的最直接保障，任何一个生产控制环节失控，都会使马铃薯生产陷入危机。目前，产地环境、生产技术、病虫害防控和检测等技术标准还不成体系，缺项较多，这也是我国马铃薯产业长期低水平徘徊的主要原因。生产控制水平上不去，产品质量标准就是空中楼阁。

四、马铃薯标准体系建设的发展建议

随着农业国际化进程加快，我国马铃薯产业将面临更加严峻的国际市场考验。无论是进口还是出口，马铃薯产业都会受到很大影响，在国际贸易中最突出的表现是各国利用标准设置的技术壁垒。因此，标准的先进性和可行性显得更为重要。加快建立健全统一、权威、完善的马铃薯全程质量控制标准体系，对维护马铃薯产业市场秩序、提高产业效益、增强产品市场竞争力具有十分重要的作用。

1. 马铃薯标准体系建设的指导思想 马铃薯标准体系建设，应深入贯彻落实科学发展观，坚持走具有中国特色的马铃薯现代化道路，既立足于我国马铃薯现实基础，又能放眼世界，与国际接轨。欧美发达国家为了使本国农产品获得有利的国际竞争地位，投入了大量的人力物力抢占国际标准制定的主导地位，并极力推动本国标准转化为国际标准。而我国目前滞后的马铃薯产业，要想在国际产业中占有一席之地，最有效的方法就是标准国际化。要密切跟踪国外最新标准动态，学习借鉴国际马铃薯标准化的先进经验，有选择地吸收适宜我国基本生态条件、技术水平、经济和市场等实际情况的国际先进标准。

标准以促进农民持续较快增收为主要目的，以提高马铃薯综合生产能力、抗风险能力和市场竞争能力为主攻方向，以提高马铃薯标准的科学性、先进性和可操作性为重点，以全面构建全程质量控制技术标准体系为核心，着力促进马铃薯生产经营专业化、标准化、规模化、集约化，积极推进标准的贯彻实施，推动我国马铃薯产业标准化水平的提升，为做大做强马铃薯产业奠定坚实的基础。

2. 科学构建标准体系 马铃薯产业标准体系建设是一项庞大而精密的系统工程。现阶段马铃薯产业标准体系建设的首要任务就是对标准现状进行全面分析，从产业需求和发展角度出发，做好顶层设计，合理搭建标准体系框架。首先是科学设置标准结构层次，按照从种苗生产到最终消费农产品的全产业链展开。其中，产前包括产地环境、农业工程建设、设施设备、农业投入品、马铃薯种质资源鉴定等基础标准；产中包括种薯繁育技术、商品薯生产技术和病虫害检验、检疫、鉴定、防控等规程，以及种薯、商品薯等产品质量标准；产后包括储藏、流通规范，产后加工技术规程，马铃薯制品质量标准等。其次，按照每个环节涉及的工艺技术逐层展开。使每一环节按基础通用标准、产品标准、方法标准和管理标准分类，再根据其技术领域，以基本术语、产品规格、检测检验、质量认证、技术支撑和信息服务等各类标准细化归类，有序协调各标准之间的关系，使每一项工作通过合适的标准作指导，结合个体现实情况进行细化和完善，使生产水平在理论支持下显著提高。

3. 引导并落实标准与产业的紧密结合 马铃薯自身的质量属性很难通过表面形态反映出来。不同级别的种薯、种薯与商品薯仅凭肉眼看没有区别，由于买卖双方的信息不对称，常导致质量纠纷的发生。应尽快通过标准界定产品质量，用信息化手段增加商品透明度，通过标签、二维码、条形码等进行产品的认证和追溯，杜绝假冒伪劣，确保买什么就是什么，所见即所得，进而规范市场。同时，严格的质量标准又促进生产者为达到质量要求切实贯彻落实与其有关的产地环境、农业投入品、生产设施设备等标准，逐渐形成高于标准或采用标准的标准化生产方式。

4. 推动标准应用以规范市场　马铃薯生产和市场的管理，单纯依靠质量和技术标准是不够的，还需要保证其有效实施的一系列配套管理的规程、制度，要补充配套的保障性标准，如种薯生产方面，须有检验的注册规程，各级种薯生产资格审定标准，对田间检验、库房检验和收获后检测结果等发生质疑时的处理程序、收费制度、监督管理制度等。产品的品质保证，与严格的行业标准、法规和先进的检验技术密切相关。市场管理也需要通过标准衡量产品的真伪优劣，将第三方的检验结果作为判断依据。因此，市场管理法规与认证制度的结合是快速推动马铃薯标准化发展的主要力量。

五、马铃薯标准体系建设的工作重点

马铃薯标准体系作为支撑其产业发展的重要基础，必须立足长远、理顺机制、夯实基础。建立健全统一、权威、完善的标准体系，对维护马铃薯产业市场秩序，提高生产效益和产业水平，增强产品市场竞争力，具有十分重要的作用。

1. 建立马铃薯标准化工作委员会　目前标准的制定与修订不够及时，标准的层次与内容不够均衡，需要企业、科研人员、市场管理部门一同参与，定期清理、更新和完善现有标准，补充必须、急需标准。建立马铃薯标准化工作委员会，统筹、协商、设计马铃薯生产和配套技术等内容，避免重复建设、资源浪费和遗漏。各级政府部门及标准管理部门，应加强信息交流，站在整个马铃薯产业的角度，整体规划、管理协调，根据标准的服务对象和应用领域，制定标准的制定与修订计划，建立科学、严谨、完善的标准体系构架，明确标准制定的技术内容、范围和职责，制定针对性强、适用性好的标准，以确保标准体系完整、全面、严密、科学、高效，具有良好的可操作性。

2. 加强质量监督检测体系建设　确保标准、规程和制度在生产和市场监督管理中发挥作用，依靠企业和个人自觉遵守是不够的，行政干预是最有效的手段。因此，标准体系中还需要一个强大的监控体系作为保障。有些国家是由权威部门或权威部门授权给检验机构，实施马铃薯全程质量控制管理。我国马铃薯种薯质量监控机构涉及各级质量检测部门、种子管理部门、农技推广部门和植物检验检疫部门，由于各部门职能不同，任何一个部门都无法独立完成整个生产和市场的监控。因此，应利用现有资源合理整合，构建监控体系，科学布局，明确分工。力争在每一个主产区都有能够实现全程检测的质量控制部门，实现检测全覆盖，为进一步开展种薯认证做好储备，同时也为全方位服务马铃薯产业提供保障。

3. 多方协作建立标准制定团队 根据马铃薯标准化工作委员会的标准制定计划，必须有一个专业的标准工作团队，既要懂标准制定，又要做到标准内容合理。团队成员包含来自企业、科研机构、检测机构、高等院校、政府部门、行业协会等各个方面的科研和管理人员，既掌握农业技术标准知识，又懂得各环节专业知识。这样的团队制定出的标准更会被社会各界所认同并广泛使用，同时信息交流更顺畅，避免了标准的重复制定以及标准内容冲突等现象，可以确保标准质量以及标准体系结构的完整，标准制修订也更有依据。按照行业发展进行标准的制定和管理将有利于产业的发展。

4. 加强标准宣传与示范 要切实改变重制定、轻实施的问题，加强标准的宣传贯彻示范推广应用，促进标准与生产的结合，提升标准化生产水平。以主产区标准示范基地、种薯繁育中心、龙头企业、外销企业等为标准实施主体和示范平台，通过示范来带动提高马铃薯产业发展的标准水平。同时充分利用现有的产业技术体系、推广体系、网络信息平台，打通并理顺执行标准中问题的反馈渠道，让无法自下而上反馈信息的难题得以解决，使标准更有效地修订、更好地执行。

另外，现有的标准使用人员数量远远满足不了我国马铃薯的生产需求，想要真正普及标准，标准执行队伍需要迅速壮大。因此，面向不同人员开展相关标准的培训是标准体系建立的重要工作之一。应组织一个有经验的培训队伍、一批优秀的标准传播者，要求其持证上岗，在马铃薯优势产区设立培训基地，有计划、有针对性地对各地生产者和质检人员开展各类标准培训，迅速培养出一批优秀的生产者和一批优秀的标准执行团队，使马铃薯质量控制标准全程化得以实现。

马铃薯种质资源

一、概述

我国马铃薯的现代育种工作成绩突出，其根源离不开种质资源的广泛收集和深入的研究利用。种质资源是全人类用以选育新品种、发展农业产业的基础和关键条件，其研究水平不仅关系到资源的利用效率和育种的发展水平，更是我国在全球的“基因大战”中具有较强竞争力的体现。马铃薯种质资源异常丰富，其他栽培作物与之相比均相形见绌。我国马铃薯种质资源收集整理工作开始于20世纪30年代，70年代后期又开展了一次全国规模的品种征集、整理工作，使许多优良基因品种得以保存。改革开放以来，通过引进国外资源进行整理和鉴定评价，发现了一批优质、抗病、抗逆、早熟、丰产、适应性好、遗传稳定的优良种质，已利用这些资源培育出了一些品种，取得了明显的社会效益。马铃薯种质资源是育种和其他科学研究工作的基础，若使种质资源得到充分利用，做好种质资源的鉴定、评价、收集、保存工作非常重要。目前，我国马铃薯种质资源标准主要是针对野生资源、地方品种、选育品种、品系或遗传材料等资源的描述及鉴定评价方法，制定的标准适用于规范化整理资源，为马铃薯的育种及相关科学研究提供完整、可靠的数据信息。

马铃薯优良品种是优异种质资源的重要组成，尤其是一些地方品种，具有一定的优质特性，是马铃薯育种的重要资源。优良品种需要具有几大特点：一是产量高，块茎质量大，单株结薯个数适中；二是适应性广，抗逆性强，在不同的生态环境中均能良好生长；三是品质性状优良，商品性好，市场经济效益高；四是具有优质特性，如极早熟、还原糖含量低、薯形好、淀粉含量高等。近年来，马铃薯的需求更为多元化，消费者对马铃薯的品质有了新的要求，增加了颜色、花青素含量、蛋白质含量等考量指标，但是没有具体的标准衡量和制约，导致品种选育混乱，无法确定品种好坏，大面积推广困难，所以统一的标准不可或缺。

按照推进农业供给侧结构性改革部署和《种子法》的新要求，2017年5

月 1 日《非主要农作物品种登记办法》正式实施，品种登记制度是新时代赋予种业的新使命，替代了原来的品种审定制度。品种登记制度的主要目的是保证所推广的农作物新品种比生产中的主要品种具有更高的增产潜力，或者在某一方面具有更优质特色。

我国于 2007 年 7 月 1 日正式实施的《农作物种质资源鉴定技术规程　马铃薯》（NY/T 1303—2007）为马铃薯种质资源的鉴定提供了可依据的技术指标，之后又制定了一系列的马铃薯种质资源利用和品种鉴定方面的相关标准，详见表 2－1。

表 2－1　马铃薯种质资源相关标准

序号	标准名称	标准号
1	马铃薯种薯真实性和纯度鉴定　SSR 分子标记	GB/T 28660
2	马铃薯种质资源描述规范	NY/T 2940
3	农作物优异种质资源评价规范　马铃薯	NY/T 2179
4	马铃薯品种鉴定	NY/T 1963
5	农作物种质资源鉴定技术规程　马铃薯	NY/T 1303
6	农作物品种试验技术规程　马铃薯	NY/T 1489
7	农作物品种审定规范　马铃薯	NY/T 1490
8	马铃薯抗青枯病鉴定技术规程	NY/T 3346
9	马铃薯抗晚疫病室内鉴定技术规程	NY/T 3063
10	引进马铃薯种质资源检验检疫操作规程	GB/T 36857
11	植物品种特异性、一致性和稳定性测试指南　马铃薯	GB/T 19557.28

二、标准应用情况

《马铃薯种质资源描述规范》（NY/T 2940）规定了马铃薯种质资源的描述方法及分级标准，适用于马铃薯种质资源的收集、整理和保存以及数据库和信息共享网络系统的建立。1991 年，我国初步建立了国家农作物种质资源数据库系统。为了进一步提高农作物种质资源的利用效率和效益，解决种质资源规范不统一、保存体系不完整、保存分散、信息网络基础设施薄弱、共享困难等问题，2003 年提出了国家农作物种质资源平台的建设方案，运用各种集成技术和手段将各类数据库集成在统一的环境下。目前，国家农作物种质资源平台已基本建成，其中马铃薯种质资源的标准化数据就是按照《马铃薯种质资源描述规范》（NY/T 2940）整理的，保留了原有数据中可用部分，将不可用数据重新采集。《引进马铃薯种质资源检验检疫操作规程》（GB/T 36857）规定了引进马铃薯种质资源的检验检疫依据、风险分析、进境许可、进境检验检疫、入境后检疫、隔离检疫监管、结果评定及检疫处理。引进种质资源不能直接进入生产，各个国家的情况不同，材料所携带的危险性病害不确定，只有通过检验检疫的安全评定才能为生产和科研使用。任何人不经过正常程序携带种质资源入境，既是非常危险的，也是不合法的。

《农作物种质资源鉴定技术规程　马铃薯》（NY/T 1303）规定了马铃薯种质资源的鉴定技术要求和方法，为《农作物优异种质资源评价规范　马铃薯》（NY/T 2179）中优异种质资源的评价提供技术支持。鉴定和评价优异种质资源可以发挥马铃薯种质资源的优势，选育优良品种，缩短育种年限，对马铃薯产业的发展具有十分重要的意义。《农作物品种试验技术规程　马铃薯》（NY/T 1489）规定了马铃薯品种区域试验和生产试验的技术要求，为品种登记提供具体试验方法。《农作物品种审定规范　马铃薯》（NY/T 1490）规定了马铃薯品种的术语和定义、内容与依据，同时给出了审定品种的评价标准和评价规则，该标准可作为制定《马铃薯品种登记技术规程》的主要参考。《植物品种特异性、一致性和稳定性测试指南　马铃薯》（GB/T 19557.28）规定了马铃薯品种特异性、一致性和稳定性的测试技术要点和结果判定方法。

《马铃薯品种鉴定》（NY/T 1963）和《马铃薯种薯真实性和纯度鉴定　SSR 分子标记》（GB/T 28660）是一种以 SSR 分子标记技术进行品种鉴定的技术标准，适用于马铃薯亲缘关系的鉴定、品种的身份鉴定以及品种真实性和纯度鉴定等。《马铃薯抗晚疫病室内鉴定技术规程》（NY/T 3063）和《马铃薯抗青枯病鉴定技术规程》（NY/T 3346）规定了马铃薯品种对晚疫病和青枯病抗性的鉴定方法和抗病能力的评定。

三、基础知识

1. **马铃薯植株和块茎**　生理性状是鉴定马铃薯品种的一个主要方面，每个品种的植株性状和块茎性状都具有特异性。

2. **名词解释**

（1）生育期　从出苗到成熟的天数。

（2）干物质　块茎除去水分以外的其他物质。

（3）淀粉含量　块茎中淀粉质量占鲜薯质量的百分数。

（4）薯形　块茎正常发育成熟后的形状。

（5）块茎缺陷　块茎内部和外表的缺陷，如畸形、开裂、空心、黑圈、坏死、糖末端、绿皮、虫眼等。

(6) 芽眼深度 块茎的芽眼与表皮的相对深度，分外突、浅、中、深，深度<1 mm为浅，1～3 mm为中，> 3 mm为深。

(7) 商品薯率 符合商品薯要求块茎质量占收获块茎总质量的百分数。

(8) 油炸色泽 在特定条件下，鲜薯片或鲜薯条油炸后的成品色泽。

(9) 马铃薯种质资源 包括野生资源、地方品种、选育品种、品系、遗传材料等。

(10) 优良种质资源 主要经济性状表现好且具有重要价值的种质资源。

(11) 特异种质资源 性状表现特殊、稀有的种质资源。

(12) 优异种质资源 优良种质资源和特异种质资源的总称。

(13) 基本信息 马铃薯种质资源基本情况描述信息，包括全国统一编号、种质名称、学名、原产地、种质类型等。

(14) 形态特征和生物学特性 马铃薯种质资源的物候期、植物学形态、经济性状等特征特性。

(15) 品质性状 马铃薯种质资源块茎的干物质含量、淀粉含量、还原糖含量、粗蛋白质含量、维生素C含量、食味、炸条和炸片品质等。

(16) 抗逆性 马铃薯种质资源对各种非生物胁迫的适应或抵抗能力，包括耐寒性、耐旱性等。

(17) 抗病虫性 马铃薯种质资源对各种生物胁迫的适应性或抵抗能力，主要包括真菌性病害、细菌性病害、病毒性病害及虫害等。

(18) 简单序列重复 基因组中由1～6个核苷酸组成的基本单位串联多次重复构成的DNA序列。

(19) 聚合酶链式反应 在耐热DNA聚合酶作用下，于体外快速大量特异性扩增特定DNA序列的方法。

(20) 群体测量 对一批植株或一批植株的某个器官或部位进行测量，获得一个群体记录。

(21) 个体测量 对一批植株或一批植株的某个器官或部位进行逐个测量，获得一组个体记录。

(22) 群体目测 对一批植株或一批植株的某个器官或部位进行目测，获得一个群体记录。

(23) 进境许可 根据《动植物检疫法实施条例》办理进境检疫审批手续，取得进境资格的许可程序。

(24) 隔离种植 在自然隔离或相对隔离环境条件下，由专业检疫人员监管，对入境后的种质资源实施的种植和试验观察。

(25) 有害生物风险分析 评价生物或其他科学和经济证据，以确定是否应限定某种有害生物及将为此采取的任何植物检疫措施的过程。

四、马铃薯种质资源鉴定

1. 种质资源的描述　适用于马铃薯种质资源的收集、整理和保存、数据参数和数据质量控制规范的制定以及数据库和信息共享网络系统的建立。农作物种质资源是生物多样性的重要组成部分，是一个国家最有价值、最具战略意义的资源。农作物种质资源平台建设是实现食物安全、生态安全和农民增收的重要保障，所以对资源的描述统一规范极其重要。

(1) 种质资源的基本信息　马铃薯种质资源的基本信息是描述内容的重要组成，主要包括5大部分：

①编号。包括全国统一编号、种质圃编号、引种号、采集号以及保存单位赋予的编号，其中全国统一编号以“MSG”+5位顺序号表示，种质圃编号由“GPMS”+4位顺序号组成。

②名称。包括种质名称、种质外文名、科名、属名、种名。

③地点。包括原产国、原产省、原产地、来源地、保存单位以及种质信息的观测地点名称，其中原产地需要精确到县、乡、村，并且注明地区海拔、经度和纬度。

④育种信息。株系圃、选育单位、育成年份、选育方法。目前，马铃薯品种（系）的选育方法有很多，主要有引种鉴定、实生种子育种、芽变育种、杂交育种、诱变育种、分子标记辅助育种、细胞工程技术育种、转基因技术育种等。

⑤种质类型。主要分6类，分别是野生资源、原始栽培种、地方品种、选育品种、品系、遗传材料。

(2) 种质资源的指标描述　形态特征和生物学特性指标的描述方法和分级标准见表2-2、表2-3。其中植株形态特征的观察需要在现蕾期完成，花的生物学特性观察均在盛花期完成，块茎的生物学特性观察需要块茎达到生理成熟度时完成。

表2-2　种质资源形态特征的描述方法和分级标准

指标	描述方法和分级标准
幼芽基部形状	圆、椭圆、圆锥、宽圆柱、窄圆柱
幼芽基部颜色	绿、浅紫、紫、深紫、浅褐、褐、深褐
幼芽顶部形状	并拢、居中、开展
幼芽顶部颜色	绿、浅红、红、深红、浅紫、紫、深紫、褐、蓝
幼芽基部茸毛密度	无、少、中、密

（续）

指标	描述方法和分级标准
幼芽顶部茸毛密度	无、少、中、密
株型	直立、半直立、开展
茎翼形状	直形、微波状、波状
茎横断面形状	三棱形、四棱形、多棱形、圆形
茎色	绿、褐、紫、深紫、局部有色
叶色	浅绿、绿、深绿
叶表面光泽度	暗、中等、有光泽
叶缘	波状、微波状、平展状
叶片茸毛多少	无、少、中、多
小叶着生密集度	疏、中、密
顶小叶宽度	窄、中、宽
顶小叶形状	椭圆形、卵形、倒卵形、常春藤式等
顶小叶基部形状	心形、中间型、楔形
托叶形状	镰刀形、中间型
花冠形状	星形、近五边形、近圆形
花冠大小	小、中、大
花冠颜色	白、浅红、红、红紫、紫、蓝紫、蓝、黄
重瓣花	无、有
花柄节颜色	无、有
开花繁茂性	无、少、中、多
柱头形状	无裂、二裂、三裂
柱头颜色	浅绿、绿、深绿
柱头长短	短、中、长
花药形状	圆柱形、锥形、畸形
花药颜色	黄、橙、黄绿、浅绿
花粉育性	不育、低、中、高、极高
芽眼深浅	浅、中、深
芽眼色	无色、有色
芽眼多少	少、中、多

（续）

指标	描述方法和分级标准
薯皮光滑度	光滑、中、粗糙
薯形	扁圆形、圆形、卵圆形、倒卵形、扁椭圆形、椭圆形、长方形、长筒形、棍棒形、楔形、肾形、纺锤形、镰刀形、卷曲形、掌状、手风琴形、结节形
皮色	乳白、浅黄、黄、褐、浅红、红、深红、紫、深紫、锈色、红杂色、蓝紫杂色
肉色	白、乳白、浅黄、黄、深黄、橙、红、浅紫、紫、蓝紫、红纹或紫纹

表 2-3　种质资源生物学特性的描述方法和分级标准

指标	描述方法和分级标准
株高	现蕾期植株地上部最高主茎基部至生长点的高度（cm）
主茎数	种薯芽眼中直接长出地面形成的茎的数量（个）
分枝多少	无、少、多
植株繁茂性	强、中、弱
茎粗	植株地上部最粗的主茎距地面 5～10cm 处的横径（cm）
天然结实性	无、弱、中、强、极强
结薯集中性	集中、中、分散
块茎整齐度	整齐、中、不整齐
块茎大小	小、中、大
块茎产量	达到生理成熟度时，单位面积收获块茎的质量（$kg \cdot hm^{-2}$）
休眠性	无、短、中、长
染色体倍性	单倍体、二倍体、三倍体、四倍体、五倍体、六倍体
胚乳平衡数	马铃薯杂交时，杂交种子的正常发育都取决于胚乳中母本和父本配子遗传的平衡，只有胚乳平衡数（EBN）比例为 2∶1 时杂交才能成功
生育期	从出苗到成熟的天数（d）
熟性	极早熟、早熟、中早熟、中熟、中晚熟、晚熟
播种期	播种日期
出苗期	小区出苗数达 75%的日期
现蕾期	花蕾超出顶叶的植株占小区总数 75%的日期
始花期	第一花序有 1～2 朵花开放的植株占小区总株数 10%的日期
开花期	第一花序有 1～2 朵花开放的植株占小区总株数 75%的日期
盛花期	小区开花的植株达到 100%的日期
成熟期	全株有 2/3 以上叶片枯黄的植株占小区总株数 75%的日期
收获期	收获的日期

另外，相关规范还列出了种质资源的品质特性指标的描述方法及分级标准，分别为干物质含量、淀粉含量、还原糖含量、粗蛋白质含量、维生素C含量、食味、炸片和炸条品质；抗逆性指标，为苗期耐寒性和耐旱性；抗病虫性指标为马铃薯普通花叶（X）病毒抗性、马铃薯重花叶（Y）病毒抗性、马铃薯轻花叶（A）病毒抗性、马铃薯潜隐花叶（S）病毒抗性、马铃薯卷叶病毒抗性、马铃薯植株晚疫病抗性、马铃薯块茎晚疫病抗性、马铃薯早疫病抗性、马铃薯疮痂病抗性、马铃薯环腐病抗性、马铃薯青枯病抗性、马铃薯胞囊线虫抗性等。

随着分子生物学的飞速发展和广泛应用，马铃薯种质资源的信息描述也增加了指纹图谱与分子标记项目，分子标记可以用来建立DNA指纹库，在同一物种的各个品种间存在大量的多态性标记，某一品种具有区别于其他品种的独特标记，即一些特异性DNA片段的组合就成为该品种的指纹，各品种的独特指纹片段构成该物种的DNA指纹库，利用这些指纹构建指纹图谱。

2. 种质资源的鉴定技术 马铃薯种质资源的鉴定技术与其他作物一样，也是经历了从外部形态到内部生化，最后深入到基因的3个层次。其鉴定的内容主要包括植物学特征、生物学特性、品质性状、抗病性4个方面，了解马铃薯种质资源的描述规范，有助于认识理解种质资源的鉴定技术。

（1）外部形态鉴定 马铃薯种质资源的鉴定从幼芽开始，随机选取块茎10个，放入简易培养箱中，在15℃左右的室温，5～10 lx光照度下培养，待芽长至3 cm左右时，观察幼芽的基部形状和颜色。植株性状的观察需要长至现蕾期，选择小区中间连续生长的健壮植株20株，观察地上部的主茎与地面夹角以确定株型（夹角90°为直立型、45°≤夹角＜90°为半直立型、夹角＜45°为开展型）。同时观察茎翼形状、茎色、叶色、植株繁茂性等表观性状。测量株高、茎粗、主茎数、分枝类型等数据。盛花期观察花冠形状、颜色、重瓣花以及柱头、花药的表观性状；测量花冠大小，同样需要选取小区中间行连续20株，测量新开放花朵的花冠最大直径，结果以均值为准，精确到0.1 cm（直径≤2.5 cm为小、2.5 cm＜直径≤3 cm为中、直径＞3 cm为大）；记录开花繁茂性（花朵数＜6为少、6≤花朵数＜10为中、花朵数≥10为多）。成熟期记录天然结实性，以单株浆果数均值为准，精确到整数位（数量0为无、1≤数量≤5为弱、6≤数量≤8为中、9≤数量≤11为强、数量≥12为极强）。在收获当日，选择健康块茎直接观察薯形、皮色、肉色、芽眼等块茎的表观性状；记录结薯集中性（匍匐茎长＜10 cm为集中、10 cm≤匍匐茎长≤15 cm为中、匍匐茎长＞15 cm为分散）、块茎整齐度、块茎大小和块茎产量。

休眠期的鉴定需要在收获当日，随机选取20个健康块茎，于（20±2）℃，相对湿度93%～95%的黑暗条件下储藏，待块茎的幼芽萌动率达到75%，且芽长近 2 mm 时，记录天数，以均值表示休眠期，记录休眠性（收获后即可萌动发芽为无、萌动天数≤45 d 为短、46d≤萌动天数≤75 d 为中、天数≥76 d 为长）。

(2) 内部生化鉴定　马铃薯内部鉴定指标主要包括块茎的干物质含量、淀粉含量、还原糖含量、粗蛋白质含量和维生素 C 含量。

马铃薯干物质含量目前主要还是应用烘干称重法测定，具体方法可见《农作物种质资源鉴定技术规程　马铃薯》（NY/T 1303）的附录 I。然而已有研究表明，利用可见-近红外光谱法检测马铃薯干物质含量也是可行的，高光谱成像技术是传统成像技术和光谱技术有机结合形成的一种新技术，可以对研究对象的内部特征进行可视化分析，利用高光谱成像技术对农产品内部品质进行检测，国内外都有了相关文献报道，所以我们可以利用这种新技术来提高干物质含量测定的效率。

淀粉含量的测定方法有很多种，如斐林试剂滴定法、3，5-二硝基水杨酸法、苯酚-硫酸法、还原糖测定仪法、红外光谱测定技术等。《农作物种质资源鉴定技术规程　马铃薯》（NY/T 1303）中淀粉含量的测定采用的是《食品安全国家标准　食品中淀粉的测定》（GB 5009.9）的方法，其试验原理是将试样去除脂肪和可溶性糖类后，加入盐酸，把淀粉水解成具有还原性的单糖，然后按还原糖测定，并折算成淀粉含量。这种方法的优点是数据结果较好，重现性好，由于其前期的处理，杂质基本都已去除，对结果的影响较小。但是缺点也很明显，操作步骤多不易掌握，不同的人员操作，误差比较大，所需测定时间也较长。

还原糖含量与淀粉含量一样有多种方法测定，如砷钼酸比色法、蒽酮比色法、斐林试剂滴定法等都适用于马铃薯还原糖含量的测定，但是目前采用 3，5-二硝基水杨酸法居多，此方法可以测定块茎中小于 0.2%的低还原糖含量，具有测定范围宽、精确度高、重现性好、操作简单、耗时短等优点。

粗蛋白质是食品、饲料中含氮化合物的总称，它包括了真蛋白质和非蛋白质含氮物 2 部分。粗蛋白质含量的测定方法主要有凯氏定氮法、双缩脲法、Lowry 法、紫外法、色素结合法等。《农作物种质资源鉴定技术规程　马铃薯》（NY/T 1303）中规定的是应用《水果、蔬菜产品粗蛋白质的测定方法》（GB/T 8856）测定，即凯氏定氮法。其原理就是在催化剂存在时用硫酸消化有机物，把有机氮转变成铵态氮，碱化蒸馏，用加有混合指示剂的硼酸溶液吸收蒸出的氨气。用盐酸或者硫酸标准液滴定，恢复硼酸吸收氨气之前原有的氢离子浓度，根据标准酸消耗量，即可算出含氮量，再乘以蛋白质换算系数 6.25，求出样品中粗蛋白质的含量。

维生素C是易溶于水的无色晶体，是一种分子结构最简单的维生素。其在植物中含量的测定主要有滴定法、分光光度法和高效液相色谱法等方法。行业标准中规定和目前应用较多的方法都是2，6-二氯靛酚滴定法，其原理就是用蓝色的碱性染料标准溶液，对含维生素C的酸性浸出液进行氧化还原滴定，染料被还原为无色，当达到滴定终点时，多余的染料在酸性介质中就表现为浅红色，由染料用量计算样品中还原型抗坏血酸的含量。

(3) 抗病性鉴定 马铃薯的抗病性鉴定是抗病育种的重要基础，从抗原筛选、后代选择、直到品种的推广都离不开抗病性鉴定。抗病性鉴定方法常用的有田间自然鉴定法、温室或田间接种鉴定法、离体接种鉴定法3种。其中：田间自然鉴定法是自然发病条件下的鉴定方法，也是鉴定抗病性的最基本方法，尤其是在各种病害的常发区，进行多年多点联合鉴定是一种非常有效的手段，可以对种质资源的抗病性进行严格全面的考验；温室或田间接种鉴定法是将病原菌孢子或者病毒直接接种到温室或田间的植株上，以检测植株是否抗病，由于抗病现象是寄主、病原菌、环境条件三者共同作用的结果，所以这种鉴定方法可靠性强，能够真实反映材料的抗病性；离体接种鉴定法是鉴定以组织、细胞或分子水平的抗病机制为主的鉴定方法，优点为可分别在同一时间鉴定同一材料对不同病原菌的抗性，又因为直接取部分植株接种鉴定，所以不影响植株的正常生长发育和开花结实，鉴定结果可靠，操作简便。

马铃薯抗病性鉴定主要有马铃薯X病毒抗性、马铃薯Y病毒抗性、马铃薯A病毒抗性、马铃薯S病毒抗性、马铃薯卷叶病毒抗性、马铃薯植株及块茎晚疫病抗性和马铃薯青枯病抗性等。行业标准中对于各类病毒病的鉴定选择温室接种鉴定法，而晚疫病的抗性鉴定在晚疫病流行的地区进行田间接种鉴定。

(4) 分子鉴定 DNA分子标记反映的是生物个体间遗传本质上的差异，用于资源及品种鉴定时具有周期短、不受环境条件影响的优点。目前，DNA分子标记方法主要有RFLP标记技术、RAPD标记技术、AFLP标记技术、SSR标记技术等，其中SSR分子标记技术作用于整个基因组，具有多态性好、可靠性高、方便快捷等优点，是鉴定马铃薯四倍体栽培种的理想技术。随着SSR引物的大量开发，DNA提取、PCR扩增、电泳等技术的不断优化，使得SSR分子标记的成本也大幅度降低，利用此技术鉴定资源的操作就更加简便、高效。

种质资源鉴定的主要内容包括亲缘关系鉴定、品种鉴定、真实性鉴定和纯度鉴定。《马铃薯品种鉴定》(NY/T 1963) 和《马铃薯种薯真实性和纯度鉴定 SSR分子标记》(GB/T 28660) 都采用了适用于品种身份鉴定的SSR

分子标记技术，并详细说明了鉴定技术的具体方法，主要技术路线为：样品采集和制备→DNA 提取→PCR 扩增反应→电泳→电泳结果观察。需要注意的是，稳定性参照物必须进行多次扩增，在带型完全稳定后记录带型和条带数量。将待检测的疑似品种与真实品种、稳定性测试品种、100 bp DNA 分子量标准物（Marker）在同一块凝胶板上电泳，观察结果，条带数量和带型都一致，判定为同一品种，反之则为不同品种。《马铃薯种薯真实性和纯度鉴定 SSR 分子标记》（GB/T 28660）中给出了 12 个 SSR 标记位点，观察多态性以确定品种真伪，或根据聚类分析结果检测样品间的遗传相似性，若条带一致性达到 100%，则鉴定种薯纯度为 100%，反之则需要根据有差异的检测样品数量占总抽样检测样品数量的百分比来判定种薯纯度。但是有专家指出 SSR 分子标记中 12 对引物太少，如果存在变异品种，无法用 12 对引物将其完全分开，建议修改标准，增加引物数量。

SSR 分子标记在种质鉴定中的相关技术还需要改进，如引物筛选方面，应用不同引物的有限组合，将亲缘关系很近的品种区分开来，克服特征谱带法工作量大及扩大品种范围后谱带失效的局限性。随着鉴定品种数量的增加，品种间会出现相同的 DNA 指纹，将指纹相同的品种进行引物的再次筛选，很容易筛选出理想的引物，然后在 DNA 指纹图谱分析中增加新引物的扩增结果即可。

3. 优异种质资源的评价　优异种质资源的筛选是马铃薯种质多功能开发和创新利用的前提，为了加快种质资源的评价利用，尤其是优良、特异种质资源的筛选，我国马铃薯行业研究者们制定了优异种质资源的评价规范以规定优异资源的鉴定方法和评价指标。事实上，确定优异种质资源的评价性状和指标是一个复杂的过程，需要综合分析大量的资源鉴定数据，还要考虑生产与科研的具体情况，兼顾发展。而优异种质资源的评价指标也不是一成不变的，随着时间的推移、产业的发展、人类的进步，我们对优异种质资源的性状要求也随之变化，因此其鉴定技术、方法和评价性状、指标也在不断完善。

马铃薯优异种质资源的鉴定评价指标中优良种质资源 18 项，特异种质资源 17 项，具体内容见表 2 - 4。其中优良种质资源的评价标准为符合表中块茎产量、花粉育性和天然结实性的同时，再符合任意 2 项或 2 项以上方可判定；而特异种质资源则仅需符合表中任意 1 项或 1 项以上即可判定。另外，所有数据需要在同一地点同一生长季进行 3 年的重复采集，结果取平均值。

表 2-4 马铃薯优良种质资源和特异种质资源的评价指标

优良种质资源		特异种质资源	
性状	指标	性状	指标
块茎产量	在适宜种植区不低于当地同类型主栽品种	块茎大小	小（单薯重≤75 g，且块茎整齐）
结薯集中性	集中	生育期	≤东农 303 的生育期
块茎整齐度	整齐	薯肉色	橘黄、红、紫、蓝
薯形	圆形、卵圆形、椭圆形、长形	休眠期	＞150 d 或＜45 d
芽眼深浅	浅	维生素 C 含量	≥30 mg · 100 g^{-1}
花粉育性	有效花粉率≥50%	粗蛋白质含量[a]	0.6%～2.1%
天然结实性	弱或弱以上		
淀粉含量	≥15.0%（早熟或中早熟），≥20.0%（中晚熟或晚熟）	淀粉含量	≥16.0%（早熟或中早熟），≥22.0%（中晚熟或晚熟）
还原糖含量	＜0.2%（收获时），＜0.4%（4～9℃储藏 3 个月）	还原糖含量	＜0.4%（4～9℃储藏 3 个月）
马铃薯 X 病毒抗性	免疫或过敏或抗侵染[b]	马铃薯 X 病毒抗性	免疫或过敏
马铃薯 Y 病毒抗性	免疫或过敏或抗侵染	马铃薯 Y 病毒抗性	免疫或过敏
马铃薯 A 病毒抗性	免疫或过敏或抗侵染	马铃薯 A 病毒抗性	免疫或过敏
马铃薯 S 病毒抗性	免疫或过敏或抗侵染	马铃薯 S 病毒抗性	免疫或过敏
马铃薯 M 病毒抗性	免疫或过敏或抗侵染	马铃薯 M 病毒抗性	免疫或过敏
马铃薯卷叶病毒抗性	*DI*＜20	马铃薯卷叶病毒抗性	*DI*＜3
马铃薯植株晚疫病抗性	4 级以上（含 4 级）	马铃薯植株晚疫病抗性	2 级以上（含 2 级）
马铃薯块茎晚疫病抗性	3 级以上（含 3 级）	马铃薯块茎晚疫病抗性	1 级以上（含 1 级）
马铃薯青枯病抗性	*DI*＜35	马铃薯青枯病抗性	*DI*＜15

注：a 指原标准中“粗蛋白质含量≥3.0%”指标过高，已进行调整；b 指抗侵染是个别植株发病，症状轻微，块茎产量与对照无显著差异，块茎 ELISA 反应呈阴性。

4. 品种试验技术　《马铃薯品种试验技术规程》主要是为国家级和省级品种审定委员会开展品种试验工作制定的。2017 年之前，我国马铃薯的品种主要通过特定审批机关根据申请人的申请，对新育成或新引进品种进行品种试验，实行品种审定制度，但在 2017 年 5 月 1 日《非主要农作物品种登记办法》正式实施后，品种登记制度替代了原来的品种审定制度，办法中明确规定对新育成品种，申请者需要按照品种登记指南的要求提供材料。内容包括：①申请表；②品种特性、育种过程等的说明材料；③特异性、一致性、稳定性测试报告；④种子、植株及果实等实物彩色照片；⑤品种权人的书面同意材料；⑥品种和申请材料合法性、真实性承诺书。这些内容成为当前马铃薯品种试验工作的技术方向。

虽然目前还没有马铃薯品种登记标准，但是马铃薯的区域试验和生产试验也应该进行。品种试验需要在完成 2 个生长周期以上的同一生态类型区多点的区域试验后，再按照当地主要生产方式，在接近大田的生产条件下进行 1 个生长周期以上的生产试验，以验证品种丰产性、稳产性、适应性、抗逆性，且每一个品种的生产试验点数量不能少于区域试验点数量。试验地要选择地势平坦、肥力中等一致、前茬非茄科作物且具有代表性的地块。试验种薯要求来源一致，标准一致，最好整薯播种，若切块应将所有参试品种均切块播种。生产试验用的所有种薯需要在播种前 1 个月由供种单位统一提供（鉴于病害的干扰会使鉴定参数有不合理变化，原原种作为鉴定材料会更适合），播种前进行种薯催芽处理。播种后田间按照当地常规管理，但栽培措施必须一致。收获时先计收获株数，缺株 15%以上即作缺区处理，超过 3 个缺区试验失败，所有试验均按全小区计产。

品种试验中的抗病性鉴定和块茎品质检测需要由育成者指定单位进行鉴定和检测。另外，各承担单位所接受的试验用种只能用于品种试验工作，不能用于育种、繁殖、交流等活动；严禁接待育（引）种单位、有关企业考察、了解参试品种情况。

第三章 马铃薯种薯质量控制

一、概述

马铃薯是一种对环境敏感的作物，容易感染多种真菌、细菌，易发生病毒性退化。马铃薯生产不仅需要一定的自然条件，还要求有合理的栽培和管理措施。在马铃薯生产中，优质的脱毒种薯既是提高产量和质量的保障，也是马铃薯生产的核心。因此，马铃薯种薯的生产需要进行严格规范的质量检测。

发达国家马铃薯种薯标准化建设起步早，目前已形成完整的体系和配套制度。国际上马铃薯发展较好的国家，种薯产业都是在严格的质量控制保障下健康运行的。除了有适宜的种薯生产环境、突出的育种能力、专业的公司化运作外，其更主要的特点为具有严格的从核心种苗繁育、各级种薯生产、病虫害防治、储存与运输到质量检测、认证与追溯的全程标准化模式，配合强有力的法律法规，使标准化生产、质量监控和市场规范有机地融为一体。种薯生产者和经营者必须执行权威部门为其制定的检测标准和规则，该检测标准高于一般国家的质量要求，从而确保其马铃薯种薯质量在国际上占有一定优势。马铃薯种薯质量控制是提高我国马铃薯种薯生产技术水平和市场管理水平、保障合格种薯供应的有效手段，马铃薯种薯标准体系是马铃薯种薯标准化工作的顶层设计。

种薯标准在处理种薯质量纠纷中的作用尤为突出，是应对国际贸易问题的技术壁垒，参与国际竞争的必然选择。马铃薯种薯生产首先满足种薯繁育基地的建设标准，大田种薯基地选址的同时要进行产地检疫、排查土传病害、评估危害风险。国外引进的马铃薯种薯需按《进境马铃薯种薯检疫操作规程》（SN/T 2481）完成全部检测，才能用于国内生产。种薯生产过程中需进行全程质量监督检测，只有合格的种薯才可以销售或用作商品薯生产。

二、标准应用情况

《马铃薯种薯》(GB 18133) 和《马铃薯脱毒种薯级别与检验规程》(GB/T 29377) 规定了马铃薯原原种、原种、大田种薯等各级别的质量指标与检验技术，《马铃薯原原种等级规格》(NY/T 2716) 规定了原原种的要求、等级规格、抽样方法、包装和标识，适用于我国境内马铃薯种薯的生产、检验、销售以及产品认证和质量监督。

《马铃薯种薯产地检疫规程》(GB 7331) 和《进境马铃薯种薯检疫操作规程》(SN/T 2481) 分别规定了马铃薯种薯产地和进境马铃薯种薯的检疫方法和程序，适用于马铃薯产地以及进境马铃薯种薯的检疫。

《马铃薯脱毒种薯繁育基地建设标准》(NY/T 2164) 规定了马铃薯脱毒种薯基地规模与项目构成、选址与建设条件、生产工艺与配套设施、功能分区与规划布局、资质与管理和主要技术指标，适用于新建、改建及扩建马铃薯脱毒种薯繁育基地。马铃薯种薯质量控制相关标准见表 3-1。

表 3-1　马铃薯种薯质量控制相关标准

序号	标准名称	标准号
1	马铃薯种薯	GB 18133
2	马铃薯脱毒种薯级别与检验规程	GB/T 29377
3	进境马铃薯种薯检疫操作规程	SN/T 2481
4	马铃薯种薯产地检疫规程	GB 7331
5	马铃薯脱毒种薯繁育基地建设标准	NY/T 2164
6	马铃薯原原种等级规格	NY/T 2716
7	马铃薯组培苗	NY/T 3761

三、基础知识

1. 马铃薯生产体系　马铃薯生产体系是指待繁育品种经过茎尖脱毒、组织培养、网棚生产和田间隔离繁殖，生产出餐桌上或加工用的商品薯。世界各国的种薯繁育体系差别较大，有的国家或地区种薯繁育代数可达 8～9 代，也有的可繁育 5、6 代，还有的只能繁育 4 代。这种差异主要是由种薯生产环境条件决定的，生产环境条件好，马铃薯不易退化，有利于增加种薯繁育代数。

2. 名词解释

（1）核心种苗 使用育种家品种，通过茎尖剥离、分生组织培养获得的马铃薯再生组培苗，经过检测达到有害生物控制要求的，种植到温室或网室，调查植株和块茎性状，病害检测合格且生物性状都符合品种植物学特征和生物学特性的，称为核心种苗。

（2）生产用组培苗 由核心种苗繁殖而来，在无菌环境下经过继代扩繁、容器内培养获得的用于繁育原原种的组培苗。检测质量须达到有害生物控制要求。

（3）脱毒种薯 经脱毒种薯生产体系逐代扩繁生产的各级种薯。

（4）原原种 用育种家种子、脱毒组培苗或试管薯在防虫网室、温室等隔离条件下生产，无马铃薯病毒、真菌、细菌病害的基础种薯。

（5）原种 用原原种作种薯，在良好隔离环境中生产的，经检测达到原种质量标准的种薯。

（6）一级种（大田用种） 在相对隔离环境中，用原种作种薯生产，经检测符合大田用种质量标准，用于生产二级种薯或商品薯的种薯。

（7）二级种（大田用种） 在相对隔离环境中，由一级种作种薯生产，经检测符合大田用种质量标准，用于生产商品薯的种薯。

（8）繁育基地 具备完善的马铃薯脱毒种薯标准化生产体系和质量监控体系，生产合格的马铃薯脱毒组培苗和各级脱毒种薯的基地。

（9）组培苗基地 具备严格的无菌操作室内培养条件和设施设备，用不带病毒和类病毒的再生试管苗专门大量扩繁组培苗或诱导试管薯的生产基地。

（10）原原种基地 具备网室、温室等隔离防病虫的环境条件，用组培苗或试管薯专门生产符合质量要求的原原种的生产基地。

（11）原种基地 具备良好隔离防病虫环境条件，用原原种作种薯，专门生产符合质量要求的原种的生产基地。

（12）大田用种基地 具备一定的隔离防病虫环境条件，用原种作种薯繁育1～2代，专门生产符合大田用种质量要求的种薯的生产基地。

（13）产地检疫 植物检疫机构对植物及其产品（含种苗及其他繁殖材料）在原产地生产过程中的全部工作，包括田间调查、室内检验、签发证书及监督生产单位做好选地、选种和疫情处理工作。

（14）隔离检疫 也称为入境检疫，进境植物繁殖性材料在特定的隔离苗圃、隔离温室中种植，在生长期间实施检疫，以发现和铲除有害生物，保留珍贵的种质资源。

（15）有害生物 任何对植物或植物产品有害的植物、动物或病原物的种、株（品）系或生物型。

（16）限定有害生物　一种检疫性有害生物或限定非检疫性有害生物。

（17）检疫性有害生物　对受其威胁的地区具有潜在经济重要性，但尚未在该地区发生，或虽已发生但分布不广，并进行官方防治的有害生物。

（18）限定非检疫性有害生物　一种非检疫性有害生物，但它在供种植的植物中存在并危及这些植物的预期用途而产生无法接受的经济影响，因而在输入方境内受限制。

（19）检验区　同一品种、同一来源、同一级别、同一世代、耕作制度和栽培管理相同而又连在一起的地块，为一个种薯检验区。

（20）种薯批次　同一品种、同一来源、同一级别、同一世代、同一地块、同一时期收获的、质量基本一致，在规定数量内的种薯。

（21）病薯　指内部或外部有病变的块茎。

（22）病薯率　样品中病薯占总调查块茎的百分率。

（23）病株率　样品中病株占总调查植株的百分率。

（24）允许率　指马铃薯脱毒种薯田内表现某种病害的病株的允许比率。

（25）混杂植株允许率　指马铃薯脱毒种薯的繁育田混入不同品种植株的比率。

（26）品种纯度　品种在特征特性方面典型一致的程度。

3. 优质种薯的形成　优质种薯是指病害指标低于规定标准的合格种薯，同时生理状态良好，有蓬勃的生命活力。优质种薯是由自身优秀的条件和外部适合的环境共同打造出来的。第一，生产种薯用的种苗或种薯的质量必须合格，并且处于合适的生理阶段，种苗无过多气生根，种薯含水量充足，自然度过休眠期；第二，种薯生产基地的土壤中病原少或病原基数低，基地隔离条件好；第三，生产过程中病虫害得到有效防治，感病植株的比例低于标准要求；第四，收获过程中避免机械损伤，运输、仓储的温度、湿度条件适宜。

四、种苗质量控制技术

1. 有害生物的控制　核心种苗和生产用组培苗的有害生物控制要求见表3－2。

表3－2　有害生物控制要求

检测项目		质量要求	
		核心种苗	生产用组培苗
类病毒	马铃薯纺锤块茎类病毒 *Potato spindle tuber viroid*，PSTVd	√	√

（续）

检测项目		质量要求	
		核心种苗	生产用组培苗
病毒	马铃薯 X 病毒 *Potato virus X*，PVX	√	√
	马铃薯 Y 病毒 *Potato virus Y*，PVY	√	√
	马铃薯 S 病毒 *Potato virus S*，PVS	√	√
	马铃薯 M 病毒 *Potato virus M*，PVM	√	√
	马铃薯卷叶病毒 *Potato leaf roll virus*，PLRV	√	√
	苜蓿花叶病毒 *Alfalfa mosaic virus*，AMV	√	√
	马铃薯 A 病毒 *Potato virus A*，PVA	√	√
	马铃薯 H 病毒 *Potato virus H*，PVH	√	
	马铃薯帚顶病毒 *Potato mop-top virus*，PMTV	√	√
细菌	马铃薯青枯病菌 *Ralstonia solanacearum*	√	—
	马铃薯环腐病菌 *Clavibacter michiganensis* subspecies *Sepedonicus*	√	—
	马铃薯黑胫病菌 *Erwinia carotovora* subspecies *atroseptica* 马铃薯软腐病菌 *Erwinia carotovora* subspecies *carotovora*	√	—
其他有害生物		√	—

注：√表示必须检测的项目，且阳性样品检出率为“0”。—表示不需要检测项目。有病毒病发生史的地区繁种材料建议增加“AMV”病毒检测。

2. **品种真实性** 经茎尖剥离和分生组织培养获得的准核心种苗，需要进行品种真实性验证，植物学特征和生物学特性符合育种家品种描述。

五、种薯质量控制技术

1. 种薯基地建设

（1）马铃薯种薯基地建设的内容 马铃薯的种薯生产受环境影响较大，没有合适的生产环境，再先进的生产技术也发挥不出作用。马铃薯脱毒种薯的生产从组培苗开始，不同环节生产方式和质量要求的差异，决定了基地建设要求的差异。马铃薯种薯基地建设主要分为组培苗基地、原原种基地、原种基地和大田用种基地 4 部分。

组培苗基地：要求建立在安静、清洁、干燥、无污染源、自然光和人工光源充足、水源和电源充足、与大田生产隔离、交通便利的地方。建设内容有接种室、培养室、清洗室、配制室、灭菌室、储藏室、更衣室、检测及称量室、办公室等。

原原种基地：应设立在气候冷凉、天然隔离条件好的区域。要求四周无高大建筑物，水源、电源充足，可排水、灌水，通风透光，交通便利，100 m 内无可能成为马铃薯病虫害侵染源和蚜虫寄主的植物。建设内容应该有温（网）室、病害检测室、原原种储藏室、办公室及生活区等，温（网）室进门处要有缓冲间，随时消毒灭菌。

原种基地：要求选择在高海拔、高纬度、风速大、气候冷凉且无检疫性有害生物发生的地区，同时具备良好的隔离条件，最佳生产期的气温在8～29℃，800 m 内无其他级别种薯、商品薯、桃树园、茄科植物、十字花科植物、易引诱蚜虫的开黄花的作物，近 3～5 年内发生过马铃薯寄生线虫、黑痣病、枯萎病、癌肿病、青枯病、粉痂病和疮痂病等土传病害的土壤不能作原种繁种田。基地建设要求有种薯储藏室（窖）、晾晒场、田间道路、水利设施、防疫设施、农机设备以及办公室和生活区等。

大田用种基地：要求选择在无检疫性有害生物发生的地区，具备一定的隔离条件，并且 500 m 内无其他级别种薯、商品薯、桃树园、茄科植物、十字花科植物、易引诱蚜虫的开黄花的作物，其最佳生产期的气温为8～29℃。近 2～3 年内发生过马铃薯寄生线虫、黑痣病、枯萎病、癌肿病、青枯病、粉痂病和疮痂病等土传病害的土壤不能作大田用种的繁种田。基地建设内容要求与原种基地相同。

其中，原种和大田用种基地建设的区域应地势平缓、土地集中连片（部分山区应相对集中连片，至少达到百亩连片）、水资源条件较好，远离洪涝、滑坡等自然灾害威胁，避开盐碱土地；东北、华北地区耕地坡度不超过 10°，西北、西南及其他区域的山区耕地坡度不超过 15°；基地位置应靠近交通主干道，便于运输。

对于马铃薯种薯基地建设的生产工艺与配套设施、功能分区与规划布局、资质与管理和主要技术经济指标等，根据企业规模要有具体要求。

（2）种薯基地建设存在的问题　近年来，我国马铃薯种薯基地建设虽然得到了加强和改善，但仍有待提高。例如，基地基础设施及配套设施的建设力度需要加强，使生产的种薯质量完全达标；从事基地建设的专业技术人员应满足生产需要，技术服务跟上产业发展；基地建设管理要到位。需要加强基地建设管理的监督、严格执行基地建设的标准规范，同时培养大量专业人才，分级分块地负责技术管理，以提升我国马铃薯种薯基地的整体建设水平。

2. 种薯检疫　植物检疫是通过法律、行政和技术的手段，防止危险性植物病、虫、杂草和其他有害生物的人为传播，保障农林业的安全，促进贸易发展。联合国粮食及农业组织（FAO）将植物检疫定义为“防止检疫性有害生物传入和/或扩散或确保其官方控制的一切活动”。

（1）种薯产地检疫 马铃薯种薯的产地检疫程序为：申报产地检疫→种薯生产→采取防疫措施→检验→签证。

种薯种植地需选择无检疫性有害生物发生的地区，并在播种前1个月内向所在地植物检疫机构申报并填写“产地检疫申请表”。播种的马铃薯种薯均要附有产地检疫合格证。在种薯生产期间必须采取防疫措施，如实行轮作、土壤消毒、种植害虫诱集带、喷施防治药剂等。若发现疫情须全部拔除病株并销毁。

马铃薯生产种薯的检验主要以田间调查为主，若发现不能确诊的植株或薯块，则采集标本进行室内检验。经检验合格的产地，发放产地检疫合格证。

（2）种薯进境检疫 马铃薯种薯的进境检疫程序为：申报检疫→审核报检资料→审核隔离种植地→现场检疫→实验室检验→隔离检疫→结果评定→保留样品及归档资料。

现场检疫包括货证核查，包装、铺垫材料、集装箱检查，种薯检查。实验室检验按照有关国家标准及行业标准进行。隔离检疫又分为隔离圃检疫和隔离种植地检疫，按照每品种210个块茎（英国微型薯400个）抽取样品送国家市场监督管理总局指定的国家级隔离检疫圃进行温室或网室隔离检疫，其余种薯调往国家市场监督管理总局批准的地点进行种植地隔离检疫。

马铃薯生育期的病害调查是隔离检疫中的重要步骤。马铃薯生育期原则上可以划分为苗期、中期、后期（杀秧前）3个时期，一些重要病害的症状在马铃薯生育期表现明显，因此，应注意该时期的田间病害调查和检疫。调查时应包括马铃薯植株的叶、芽、腋芽、茎、茎基和块茎。苗期注意癌肿、缺苗、猝死、矮化、萎蔫等症状；中期注意癌肿、叶斑、叶枯、黄萎、茎腐、基腐等症状；后期注意癌肿、萎蔫、叶斑、块茎腐烂等症状，及一些菌丝、霉层、孢子器、菌核等病症。

通过三重检疫的合格种薯允许在市场监管总局批准的地点再种植，再种植的轮作期不少于4年。检疫有害生物的依据详见《进境马铃薯种薯检疫操作规程》（SN/T 2481）中的附录A（双边议定书涉及的马铃薯有害生物）。

3. 种薯分级标准与检测程序

（1）分级标准 关于种薯分级，全世界都处于不统一状态，甚至同一个国家都有不同的分级体系，各级种薯的名称也不尽相同。如欧盟的种薯分级体系为3级种薯，即原原种、原种和合格种。但每个级别中又细分若干个等级，如原种的分级，不同国家分级不同，俄罗斯只有1个级别，而芬兰和丹麦又细分为4个级别。我国马铃薯现有的种薯分级标准也不唯一，《马铃薯种薯》（GB 18133）中将马铃薯脱毒种薯分为4个级别：原原种、原种、一级种、二级种。而《马铃薯脱毒种薯级别与检验规程》（GB/T 29377）中脱毒种薯分3个级别：原原种、原种、大田种薯。总体上二者并不矛盾，GB 18133中的一级种和二级种是对 GB/T 29377 大田种薯的细分。在我国的实际检测过程中，执行 GB 18133 更妥当。

（2）检测程序　马铃薯整个生命周期都会感染病害，不同时期病害的发生特点和病害种类有所不同。因此，不同时期病害的防治策略不同。标准中的检测程序就是根据影响马铃薯种薯质量的几个关键时期进行检测，配合生产做出有针对性的质量控制。即：田间检测→收获前/收获后检测→出库前/发货前检测，具体检测流程如图 3－1。

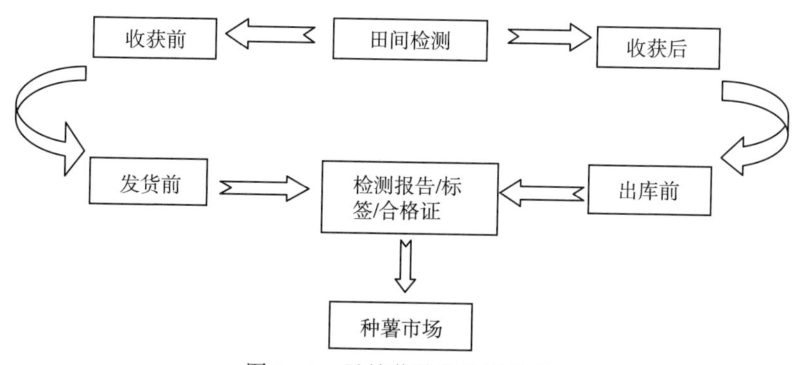

图 3－1　马铃薯种薯检测流程

田间第一次检测是对种薯带病和土传病害的检查，指导去杂和拔除病株，降低病害比例；田间第二次检测是对生产过程中的病害感染情况的检查，掌握病害防控效果。收获后检测是对田间检测中目测结果的必要补充，检出症状潜隐的病害。种薯出库前检测是确保发出去的种薯在出库前病害的发生发展没有超出质量安全范围。

4. 种薯质量检测

（1）检测对象　马铃薯种薯的检测对象主要是影响种薯质量的因素，其中有害生物包括限定非检疫性有害生物和检疫性有害生物。限定非检疫性有害生物是生产过程中必须检测的病害，病害的检测结果没有超过对应种薯级别规定的指标，即“合格”。检疫性有害生物的允许率为“0”，在整个生产过程中，无论是生产的哪一级别种薯的哪个生育阶段，只要有发生都必须转为商品薯使用或者销毁，不能作为种薯销售和使用。对于能在土壤中存活的检疫性有害生物，该地块在一定时间内不能再作为种薯基地，并上报检疫部门处理。同时，有些生理病害和对种薯质量有影响的因素均会影响马铃薯的出苗和长势，或者会为病原菌入侵创造条件，也应在质量控制范围内。

除了标准中指定的内容，随着马铃薯生产的发展，有些陌生的病害逐渐走进人们的视野，并对安全生产构成了威胁，这些病害也应在种薯生产过程中予以考虑。马铃薯种薯检测对象见表 3－3。

表 3-3　马铃薯种薯检测对象

类型	分类	名称
限定非检疫性有害生物	病毒	马铃薯X病毒 *Potato virus X*，PVX
		马铃薯Y病毒 *Potato virus Y*，PVY
		马铃薯S病毒 *Potato virus S*，PVS
		马铃薯M病毒 *Potato virus M*，PVM
		马铃薯卷叶病毒 *Potato leafroll virus*，PLRV
	细菌	马铃薯青枯病菌 *Ralstonia solanacearum*
		马铃薯黑胫病菌 *Erwinia carotovora* subspecies *atroseptica*
		马铃薯软腐病菌 *Erwinia carotovora* subspecies *carotovora*
		马铃薯普通疮痂病菌 *Streptomyces scabies*
	真菌	马铃薯晚疫病菌 *Phytophthora infestans*（Mont.）de Bary
		马铃薯早疫病菌 *Alternaria solani*
		马铃薯干腐病菌 *Fusarium solani*
		马铃薯湿腐病菌 *Pythium ultimum*
		马铃薯黑痣病菌 *Rhizoctonia solani*
		马铃薯黄萎病菌 *Verticillium dahliae*
	昆虫	马铃薯块茎蛾 *Phthorimaea operculella*（Zeller）
检疫性有害生物	病毒和类病毒	马铃薯A病毒 *Potato virus A*，PVA
		马铃薯纺锤块茎类病毒 *Potato spindle tuber viroid*，PSTVd
	真菌	马铃薯癌肿病菌 *Synchytrium endobioticum*
		马铃薯银屑病菌 *Helminthosporium solani* Durieu et Mont
	细菌	马铃薯环腐病菌 *Clavibacter michiganensis* subspecies *sepedonicus*
	植原体	马铃薯丛枝植原体 *Potato witches'broom phytoplasma*
	昆虫	马铃薯甲虫 *Leptinotarsa decemlineata*（Say）
	线虫	马铃薯金线虫 *Globodera rostochiensisbai*
		马铃薯白线虫 *Globodera pallida*（Stone）
生理病害和其他影响因素	混杂、外部缺陷、冻伤、土壤和杂质	
新增参数	马铃薯帚顶病毒（PMTV）、苜蓿花叶病毒（AMV）、马铃薯粉痂病菌、马铃薯气生茎腐病菌、马铃薯枯萎病菌	

（2）田间检测　田间检测是种薯质量检测技术体系中最重要的环节。种薯繁育中，田间检测是根据马铃薯症状表现判断，以目测检查为主，田间检测不仅涵盖了种薯标准中规定的品种纯度、病毒和细菌病害的检查，还对生产中的

真菌病害进行检查。真菌病害虽然不是国家标准中规定的田间检测的质量指标，却对后期的产量和块茎质量有影响。仅仅依靠植株表现的症状作为诊断病害方法是不准确的，应该采用目测检查与实验室检测相结合的方法，保证结果的准确性。即在目测检查过程中抽取一定数量的疑似样品，采用试纸条等快速诊断或实验室检测等方法，对目测结果进行验证和补充。对于抗性很强的品种，必须以实验室检测结果作为判定种薯质量的依据。

马铃薯种薯田间检查的质量要求见表3－4。

表3－4　各级别种薯田间检查植株质量要求

项目	允许率[a]（%）			
	原原种	原种	一级种	二级种
混杂	0	1.0	5.0	5.0
类病毒	0	0	0	0
Y病毒	0	0.5	2.0	5.0
卷叶病毒	0	0.2	2.0	5.0
总病毒病[b]	0	1.0	5.0	10.0
青枯病	0	0	0.5	1.0
黑胫病/茎腐病	0	0.1	0.5	1.0
环腐病	0	0	0	0
马铃薯丛枝植原体	0	0	0	0
马铃薯甲虫	0	0	0	0

注：a表示所检测项目阳性样品占检测样品总数的百分比；b表示所有有病毒症状的植株。

①检测前信息采集。在执行田间检测前，先与地块主要负责人沟通，了解播种时间、用药种类、用药时间、种薯级别等相关生产信息，防止误判。

②检测内容。首先检测品种真实性，检测过程中对所有引起马铃薯生长异常的症状进行分析并记录，包括非侵染性病害和侵染性病害，同时检测品种纯度。虽然种薯田间质量评价的指标远远少于田间实际发生的病害，但是，由于库房检查的病害也主要来源于田间，田间全面的检查记录，有利于病害防治和后期库房病害的诊断。

③侵染性病害与非侵染性病害的区分。侵染性病害初期在田间零星分布，有些真菌病害会形成发病中心，向四周扩散，细菌病害在地势低洼和有存水现象的地块集中发病，病毒病发生则没有规律。侵染性病害防治不当会持续发展，扩散发病范围和增加发病比例；非侵染性病害的发病症状相同，发病时间一致，并成片发生，有时会随环境改善而恢复正常状态，不具有侵染蔓延能力。

④检测点数及每点取样量。原原种需要 100％检测，温室或网棚中，组培苗扦插结束或试管薯出苗后 30～40 d，同一生产环境条件下，全部植株目测检查 1 次，目测不能确诊的非正常植株需马上采集样本进行实验室检测；原种、一级种和二级种采用目测检查，检测面积≤1 hm^2 时，取 5 点进行检测，每点采样 100 株，当检测面积＞1 hm^2 时，按照表 3－5 规定，在面积≤1 hm^2 的检测点数的基础上增加，每点的取样数量处理不变，对照检测点数也相应增加，每点取样量不变。

表 3－5　每种薯批抽检点数

检测面积（hm^2）	检测点数（个）	检查总数（株）
≤1	5	500
＞1，≤40	6～10（每增加 10 hm^2 增加 1 个检测点）	600～1 000
＞40	10（每增加 40 hm^2 增加 2 个检测点）	＞1 000

⑤目测检查。确定检测点后，边走边检查，逆光检（阴天效果更好），可以单行检查，也可以双行检查，非常熟练后可以 4 行一起检查，边检查边填写田间检测表。在田间检测过程中，除了必须检查规定的田间病害，还需要关注所有标准之外的病害并记入备注。田间目测检查不能准确判断的症状，需要取样进行实验室检测，取样袋最好为牛皮纸袋，标注取样时间、地点、品种、级别、样品号、症状、检测病害名称等信息。

⑥实验室检测。田间病毒病感病初期，通常症状不明显，需采用实验室检测作为目测检查的重要补充，采集一定比例样品进行精确检测，快速检测技术最为适合，没有条件也可以带回实验室检测。

⑦结果判定和处理。田间检测完成后，立即结合生产基础信息和实验室检测结果对目测检查结果进行修正，区分侵染性病害和非侵染性病害，排除药害、肥水、气候等影响。按照《马铃薯种薯》（GB 18133）规定的田间检测参数和指标进行田间检测质量评价。

(3) 收获后/收获前块茎检测　在马铃薯种薯田间检测时，病菌/病毒浓度低或马铃薯品种抗性强都会影响准确性。因此，种薯收获后将块茎带到实验室进行精准检测，可以准确预测种薯下一个生长季的病害发生情况。这是检测种薯质量的一个重要环节。

我国马铃薯种薯的销售方式和欧美等国家有很大区别。有的种薯是经历了漫长的冬季储藏后才销售，这样的销售模式与欧美国家相同，适合做收获后检测；而有的种薯是在田间边收获边销售，收获后直接运输到客户所在地存放，收获后检测就无法操作。为了尽可能掌握种薯质量的相对科学的数据，可以在收获前1～2周完成实验室检测，根据检测结果决定该批种薯是否可作为种薯销售，从而决定何时杀秧，称此次检测为收获前检测。收获后检测和收获前检测各有优势，收获后检测对种薯质量评价更为准确，而收获前检测至杀秧有一段时间间隔，其间病害有可能会持续发展，收获前检测结果比实际种薯质量略好些，可更好帮助生产者决策是否作为种薯处理。

马铃薯种薯收获后/收获前检测质量要求见表3-6。

表3-6　各级别种薯收获后（收获前）检测质量要求

项目	允许率（%）			
	原原种	原 种	一级种	二级种
病毒病[a,b]	0	1.0	5.0	10.0
类病毒	0	0	0	0
青枯病	0	0	0.5	1.0
环腐病	0	0	0	0

注：a. 指PVY、PLRV和PMTV、AMV，不包括其他病毒；b. 指历史上发生过其他重要病毒的特定区域（如甘肃需检测AMV，云南、河北、内蒙古、四川、重庆、贵州等地需检测PMTV）。

①取样时间。根据种薯销售方式确定取样时间，在田间收获后直接销售的，建议在收获前取植株叶片进行检测；对于经过库存后再销售的，建议在收获后进行块茎检测。

②取样量。根据检测项目的不同，取样量也不一样，具体见表3-7。

表3-7　收获后（收获前）每种薯（块茎/叶片）批抽样量

项目	原原种（粒·100万粒$^{-1}$）	原种（个）	一级种（个）	二级种（个）
病毒和类病毒	400（每增加100万粒增加50粒，不足100万粒的按100万粒计算）	300（每增加10～40 hm^{2}增加40个块茎/叶片）	100（每增加10～40 hm^{2}增加20个块茎/叶片）	100（每增加10～40 hm^{2}增加20个块茎）
环腐病	1 000	1 000	1 000	1 000
青枯病	1 000	1 000	1 000	1 000

注：本表中取样量较GB 18133有所增加。

③样品处理。对于叶片样品，直接将大小均等的叶片做成合样，合样数量依据采用的检测技术而定。

对于块茎病毒、类病毒和细菌检测的样品处理有差异，病毒、类病毒检测既可以直接取芽眼部位进行检测，也可以种薯催芽、播种，长出植株后取叶片进行检测。ELISA 和 NASH 方法检测合样量为 4 个叶片制成 1 份样品；RT-PCR 方法检测合样量为 5 个叶片制成 1 份样品。

细菌检测取块茎脐部维管束部分，每个块茎所取的组织大小保持基本一致，每 200 个块茎组织合在一起，制成 1 份样品，经富集培养后检测。

④检测。可根据种薯生产地病害发生史确定检测病害的种类，通常病毒只检测 PVY、PLRV 和 PMTV，细菌检测青枯病菌和黑胫病菌，必要时还要检测类病毒和环腐病。可采用合样检测，不同的检测技术对应不同的样品合样数量。

⑤结果判定和处理。检测的阳性数量和对应的检测方法选择合适的推算表，对应查出其感病百分比。

（4）库房检查 马铃薯块茎质量对种薯销售有直接影响，块茎质量分内部质量和外部质量，库房检查主要针对目测可见的症状，对病伤薯进行控制。播种带病的块茎会影响出苗，也会污染土壤。因此，种薯在发货前需要检查，剔除病薯，减少因收获、运输等环节的粗放操作引起的机械伤，降低储藏期病害发生率，防止给马铃薯生产带来危害。

马铃薯种薯库房检查块茎质量要求见表 3-8。

表 3-8 各级别种薯库房检查块茎质量要求

项目	允许量（个·100 个$^{-1}$）		允许量（个·50 kg^{-1}）	
	原原种	原种	一级种	二级种
混杂	0	3	10	10
病毒和类病毒[a]	0	0	0	0
湿腐病	0	2	4	4
软腐病	0	1	2	2
环腐病	0	0	0	0
晚疫病	0	2	3	3
干腐病	0	3	5	5
粉痂病[b,c]	0	0	5	10
普通疮痂病[b]	2	10	20	25
黑痣病[b]	0	10	20	25
马铃薯块茎蛾	0	0	0	0
外部缺陷	1	5	10	15

（续）

项目	允许量（个・100 个$^{-1}$）		允许量（个・50 kg^{-1}）	
	原原种	原种	一级种	二级种
冻伤	0	1	2	2
土壤和杂质[d]	0	1%	2%	2%

注：a 指目测可识别的病毒病症状；b 指病斑面积不超过块茎表面积的 1/5；c 指粉痂病在很多省份为检疫性病害；d 指允许量按重量百分比计算。

①检测时间。马铃薯发货前检测与收获后检测一样，需要与生产实际相结合。我国部分种薯产地的种薯销售，有一部分经过库存后发货，一部分在田间收获后直接发货。为了尽可能使种薯质量做到可控，无论田间直接发货还是窖储后发货，都需要进行发货前的检测。发货前，经过严格挑选，剔除病伤薯，然后开始检测，也可以边挑选边检测，检测后出货。

②库房基本信息。种薯质量一方面来自田间管理，另一方面与库房环境有关。合格健康的种薯存储不当会被附着在块茎表面的病菌侵入，或发生生理病害，使种薯质量降低。因此，对入库种薯，需与库房主要负责人沟通，了解库房基本情况（如温度、湿度、通风情况等）、收获期病害发生情况、田间检测记录、入库时间、入库前种薯挑选情况等。

③随机取样。在取样之前应对被检样品进行确认。对采集的样品无论是进行现场常规鉴定还是送实验室鉴定，一般要求随机取样。从样品中剔除损坏的部分（箱、袋），损坏和未损坏部分的样品分别采集。取样完成后，要立即填写取样报告。在某些特殊情况下，如为了查明混入的其他品种或任一类型的混杂，允许进行选择取样。取样之前要明确取样的目的，即搞清样品鉴定性质。采集的样品，应能充分代表该批马铃薯种薯的全部特征。

原原种根据每批次数量确定扦样量（表 3 - 9），随机扦样，每点取块茎 500 粒。

大田各级种薯根据每批次总产量确定扦样量（表 3 - 10），每点扦样 25 kg，随机扦取样品应该具有代表性，样品的检验结果代表被抽检批次。同批次大田种薯存放不同库房时，按不同批次处理，并注明质量溯源的衔接。

表 3-9　原原种块茎扦样量

每批次总产量（万粒）	块茎取样点数（个）	检验样品量（粒）
≤50	5	2 500
>50，≤500	5～20（每增加 30 万粒增加 1 个检测点）	2 500～10 000
>500	20（每增加 100 万粒增加 2 个检测点）	>10 000

表 3-10　大田各级种薯块茎扦样量

每批次总产量（t）	块茎取样点数（个）	检验样品量（kg）
≤40	4	100
>40，≤1 000	5～10（每增加 200 t 增加 1 个检测点）	125～250
>1 000	10（每增加 1 000 t 增加 2 个检测点）	>250

④块茎目测检查方法。块茎目测检查应遵循的基本操作顺序：首先，对样品整体进行目测，判断是否存在品种混杂；其次，将健康种薯与感病和机械损伤种薯分开，并对存在生理缺陷和畸形的种薯进行检测；最后，对侵染性病害进行检查，观察块茎表面是否存在疮痂病、粉痂病和黑痣病等病害。对于腐烂种薯或表观有异常的种薯需要剖开块茎，结合看、摸、闻来判断造成腐烂或异常的原因。对于没有腐烂的种薯应随机取 20 个块茎并切开脐部，用以检测环腐病和青枯病。

⑤实验室检测。当难以判断的病害发生比例较高，比如腐烂或内部变色的症状超过 10%的时候，可直接放弃作种薯。当难以判断的病害比例不高时，可以采用实验室检测技术进行鉴定，实验室检测结果结合目测结果，做出准确判断。

⑥结果判定和处理。每批种薯检测完成后，立即结合田间检测结果对块茎目测检查结果进行修正，推测田间病害和块茎病害的相关性，区分侵染性病害和非侵染性病害，提高判断的准确性。然后按《马铃薯种薯》（GB 18133）规定的库房检测参数和指标进行库房检测质量评价。

5. 原原种等级规格　原原种通常为整薯播种，播种时的整齐度对出苗有很大影响，大小一致，出苗时间比较集中，便于田间管理。

表 3-11　原原种的规格与等级要求

规格	横向直径（mm）	允许误差范围		等级	病薯率（%）
		圆形、近圆形品种	长形品种		
一级	≥25	允许含 3%的产品不符合该等级要求，但应符合二级要求	允许含 10%的产品不符合该等级要求，但应符合二级要求	特等	0
				一等	≤1.0
				二等	>1.0 且≤2.0
二级	≥20 且<25	允许含 3%的产品不符合该等级要求，但应符合三级要求	允许含 10%的产品不符合该等级要求，但应符合三级要求	特等	0
				一等	≤1.0
				二等	>1.0 且≤2.0
三级	≥17.5 且<20	允许含 3%的产品不符合该等级要求，但应符合四级要求	允许含 10%的产品不符合该等级要求，但应符合四级要求	特等	0
				一等	≤1.0
				二等	>1.0 且≤2.0
四级	≥15 且<17.5	允许含 3%的产品不符合该等级要求，但应符合五级要求	允许含 10%的产品不符合该等级要求，但应符合五级要求	特等	0
				一等	≤1.0
				二等	>1.0 且≤2.0
五级	≥12.5 且<15			特等	0
				一等	≤1.0
				二等	>1.0 且≤2.0

第四章

马铃薯商品薯质量控制

一、概述

马铃薯商品薯根据用途主要分为鲜食用薯和加工用薯。无论鲜食用薯还是加工用薯，都要求有良好的外部质量和符合加工品类的内部质量，现在又增加了一项食品安全问题，既要产量安全又要质量安全。目前我国的商品薯生产由于规模化程度越来越高，但质量控制体系尚未完全形成，部分不合格产品流通于市场。生产中往往“重产量、轻质量”，不仅出现品质差、加工性能低等常规问题，还出现了农药残留超标、重金属含量高、含有生物毒素等安全性问题。要想改变现状，首先就要实现其质量的标准化、规范化。近年来，充分结合国家的自然条件、经济基础、技术水平以及市场需求等方面，制定了许多控制马铃薯商品薯质量的标准，详见表 4 - 1。

表 4 - 1　马铃薯商品薯质量控制相关标准

序号	标准名称	标准号
1	转基因成分检测　马铃薯检测方法	SN/T 1198
2	马铃薯商品薯分级与检验规程	GB/T 31784
3	马铃薯等级规格	NY/T 1066
4	加工用马铃薯流通规范	SB/T 10968
5	块茎类蔬菜流通规范	SB/T 11031
6	鲜食马铃薯流通规范	SB/T 10577
7	马铃薯商品薯质量追溯体系的建立与实施规程	GB/T 31575

二、标准应用情况

《马铃薯商品薯质量追溯体系的建立与实施规程》（GB/T 31575）规定

了马铃薯商品薯质量追溯体系的建立与实施的目标、原则、基本要求、追溯信息的记录及保障质量追溯体系实施的商品薯包装标识要求和企业内部管理要求，适用于有组织的、规模化种植、运输、储藏模式下生产的马铃薯商品薯追溯。

《马铃薯商品薯分级与检验规程》（GB/T 31784）和《马铃薯等级规格》（NY/T 1066）规定了不同用途（鲜食、薯片加工、薯条加工、全粉加工、淀粉加工）马铃薯商品薯的分级及各等级的质量要求和检验技术，适用于马铃薯商品薯的等级判定。而《加工用马铃薯流通规范》（SB/T 10968）、《块茎类蔬菜流通规范》（SB/T 11031）和《鲜食马铃薯流通规范》（SB/T 10577）侧重规定不同用途马铃薯商品薯在流通过程中的要求，适用于马铃薯的流通和管理。

《转基因成分检测　马铃薯检测方法》（SN/T 1198）规定了马铃薯及加工产品中转基因成分检测的 PCR 方法和实时荧光 PCR 方法。筛选适用于马铃薯及其加工产品中转基因成分的定性检测。鉴定检测适用于马铃薯 EH92－527－1实时荧光 PCR 的品系鉴定。

三、基础知识

（1）追溯体系　能够维护关于产品及其成分在整个或部分生产与使用链上所期望获取信息的全部数据和作业。

（2）追溯单元　需要对其来源、用途和位置的相关信息进行记录和追溯的单个产品或同一批次产品。

（3）批次　相似条件下生产和（或）加工或包装的某一产品单元的集合。

（4）批次标识　对某一批次指定唯一标识的过程。

（5）外部追溯　对追溯单元从一个组织转交到另一个组织时进行追踪和（或）溯源的行为。

（6）内部追溯　一个组织在自身业务操作范围内对追溯单元进行追踪和（或）溯源的行为。

（7）基本追溯信息　能够实现组织间和组织内各环节间有效链接的必需信息。

（8）扩展追溯信息　除基本追溯信息外，与追溯相关的其他信息。

（9）机械损伤　块茎在收获、运输和储藏过程中外力所造成的目测可见的伤害。

（10）青皮（绿薯）　受到光照而引起的薯皮和薯肉变绿。

（11）杂质　脱落的马铃薯皮、芽、泥土及其他外来物。

（12）畸形 不符合该品种块茎原有形态特征。

（13）茎轴长度 薯块顶端到脐部的长度。

（14）外部缺陷 可从外表观测到，但损伤的程度可能要切开薯块进行检测的缺陷，包括表皮变绿、二次生长、畸形、裂沟、干皱、机械损伤、虫眼、鼠咬、病斑、干腐或腐烂等。

（15）内部缺陷 必须切开薯块才能检测到的缺陷，包括空心、褐色心腐、黑色心腐、块茎内部黑斑、黑圈、坏死、薯肉变色等。

（16）薯条 鲜马铃薯经清洗、去皮、切条、漂烫、干燥、油炸，再经预冷、冷冻、低温储存，在冷冻条件下运输及销售，食用时需再次加热的制品。不包括其他以马铃薯淀粉或全粉为全部原料或部分原料生产的复合薯条。

（17）薯片 马铃薯经清洗、去皮、切片、漂烫、沥水、油炸、添加调味料制成的马铃薯制品。不包括其他以马铃薯淀粉或全粉为全部原料或部分原料生产的复合薯片。

（18）混杂 同一品种的马铃薯中混入其他品种的马铃薯。

（19）糖末端 又称玻璃头，是由于马铃薯原料中的糖分分布不均匀，造成在油炸加工后出现端头三面颜色超过美国农业部（USDA）三级且长度大于3/8以上的次品。

（20）转基因 将物种本身不具有的、来源于其他物种的功能DNA序列，通过生物工程技术，使其在该物种中进行表达，以便使该物种获得新的品种特征。

（21）内源基因 在栽培的物种中拷贝数恒定的、不显示等位基因变化的基因。该基因可用于对基因组中某一目的基因的定量分析。

（22）外源基因 利用生物工程技术转入的其他生物基因，使该生物品种表现新的生物学性状。

（23）阳性目标DNA对照 参照DNA或从可溯源的标准物质提取的DNA或从含有已知序列阳性样品（或生物）中提取的DNA。该对照用于证明测试样品的分析结果含有目标序列。

（24）阴性目标DNA对照 不含外源目标核酸序列的DNA片段。可使用可溯源的阴性标准物质。

（25）提取空白对照 该对照为在DNA提取过程中，以水代替测试样品完成提取过程所有步骤，用以证明提取过程中没有核酸污染。以不同批次提取的DNA并进行多个PCR分析时，在做测试样品PCR时还应同时包括提取空白对照。

四、商品薯质量追溯体系的建立与实施

21 世纪初，我国政府开始引入并推广追溯体系，取得了积极进展。在法律制度建设方面，相继出台了鼓励实施追溯制度的规定。2004 年 9 月，国务院要求建立农产品质量安全例行监测和追溯制度。2009 年 2 月，《食品安全法》明确了食品安全追溯要点，规定了企业在食品生产、加工、流通环节的追溯记录，强化“从农田到餐桌”的全程监管。

1. 质量追溯体系建立的目标　马铃薯商品薯质量追溯体系，就是为了对马铃薯商品薯实现“从农田到餐桌”全部过程的有效控制和保证商品薯的质量安全而实施的对商品薯质量的全程监控。有了马铃薯商品薯质量追溯体系，马铃薯商品薯就像有了自己的“身份证”，只要将商品薯包装上的条形码或二维码进行扫描，就可追溯到商品薯生产、流通过程的质量和安全信息，便于质量和安全管理。如果某地或某市场发现马铃薯商品薯存在质量问题，监管机关可以通过电脑记录很快查找到该批次商品薯的来源，确定商品薯在供应链中的位置。一旦发生重大的安全事故，主管部门可以立即开展调查并确定可能受事故影响的范围、事故的危害程度，及时通知公众并紧急召回已流通的问题商品薯，在全国范围内统筹安排控制事态发展，最大限度地保护公众身体健康和生命安全，从而保障和提高马铃薯商品薯的质量和安全，满足顾客需求，提高企业运行效率、生产能力和盈利能力。

2. 质量追溯体系建立的原则

（1）质量追溯体系的核心和基础是记录生产全程质量安全信息。生产企业的安全信息记录与保存，是质量追溯体系有效运行的基础，信息链条的衔接是根本保障。

（2）建立马铃薯商品薯质量追溯体系，应遵循企业建立、部门指导、分类实施、统筹协调四大原则。

（3）马铃薯商品薯生产经营企业是第一责任人，应当作为质量追溯体系建设的责任主体，结合企业实际，客观、有效、真实地记录和保存商品薯生产的安全信息，建立商品薯质量追溯体系，履行追溯责任。

（4）食品药品监管部门根据有关法律、法规与标准等规定，指导和监督马铃薯商品薯生产经营企业建立质量追溯体系。马铃薯商品薯生产经营企业数量多、技术水平差别大、规模参差不齐，既要坚持基本原则，也要注重企业发展实际，分类实施，逐步推进，讲究实效，防止“一刀切”。按照属地管理原则，同农业、出入境检验检疫相关部门沟通协调，实现管理体系的衔接性和兼容性。

（5）建立和实施商品薯质量追溯体系应考虑追溯执行的精准性以及效率和成本。

（6）根据传统记录方式与现代化计算机技术、网络技术、通信技术、二维码技术、条码技术等相结合的原则建立和实施商品薯质量追溯体系。

3. 质量追溯体系的基本要求

（1）明确马铃薯商品薯追溯单元，进行批次识别，明确追溯范围是内部追溯或外部追溯、商品薯流向等。

（2）及时记录和保留追溯信息。记录信息应真实、准确、及时、完整、持久，易于识别和检索。消费者从供应方获取信息，供应方从马铃薯商品薯生产企业获得生产过程中的各类信息。追溯信息至少需要保留 3 年。追溯信息的记录表可参见《马铃薯商品薯质量追溯体系的建立与实施规程》（GB/T 31575—2015）中的附录 A。

（3）确定追溯信息的编码原则。可按内部编码规则或按已发布的国家标准、行业标准的规定对追溯信息进行编码。从业者编码、产地编码、产品编码、批次编码、追溯信息编码可按《农产品质量安全追溯操作规程　通则》（NY/T 1761）的规定执行。

（4）根据技术条件、追溯单元特性、实施成本等因素综合考虑商品薯批次标识载体。载体可以是纸质文件、二维码或射频识别标签等。

（5）采用国际或国内通用编码规则，对追溯单元进行唯一标识，并将标识代码与其相关的记录一一对应。一般采用以下一种或多种信息对产品进行标识。

①条形码。俗称 69 码，产品有各自企业定义的条形码，可以对各类产品进行标识，中国物品编码中心拥有比较完善的资料库，可与中国物品编码中心进行对接，以便获取商品信息。条形码如图 4－1 所示：

图 4－1　条形码

②生产日期/生产批次。生产日期指的是产品在每家生产企业生产完成的具体时间，生产日期也可以作为产品的一种标记形式。生产批次指的是商品在一定时期内的生产序列号。

③追溯码。追溯码是商品单品的唯一身份标识，追溯码的载体有二维码、

RFID（射频识别）、NFC（近距离无线通信）等多种方式。

4. 质量追溯体系的实施

（1）马铃薯商品薯包装和标识要求　包装销售时，马铃薯商品薯包装应符合《蔬菜包装标识通用准则》（NY/T 1655）的规定。包装上应有产品标签并加贴或印刷追溯信息编码，标签上应标识品种名称、适宜用途、净含量、等级、包装日期、收获日期、产地、批次、种植基地名称、联系方式等。散装销售时，销售者与采购者应留存销售登记单，销售登记单上的登记内容与商品薯包装销售的标识内容相同。仓储物流企业应保持产品原有包装或原有的批次标识，若不得不更换或分批、并批，需要将原包装标签内容或原批次标识保留记录，并重新如实标识。

（2）内部管理要求

①应制定马铃薯商品薯质量追溯体系的建立和实施计划，明确追溯的目标、范围、实施内容、实施进度、保障措施、责任主体等内容。

②明确责任主体在各环节记录信息的责任、义务和具体要求。

③指定专人负责马铃薯商品薯质量追溯系统各环节的组织、实施与监控，承担信息的记录、核实、上报、发布等工作。

④配备必要的计算机、网络设备、标签打印设备、条形码读写设备及相关软件等。

⑤定期开展关于追溯记录、追溯程序、追溯操作规程等方面的培训。

⑥追溯体系的监督、内部审核、评审、改进等，按照《饲料和食品链的可追溯性体系设计与实施指南》（GB/Z 25008—2010）中第 6 章的规定执行。

五、商品薯的分级标准与质量要求

1. 分级标准　我国马铃薯商品薯分级标准也不尽相同，但基本将等级分为一级、二级和三级。只有在 2006 年实施的《马铃薯等级规格》（NY/T 1066）中规定马铃薯鲜食商品薯在符合基本要求的前提下，其等级分为特级、一级和二级。

马铃薯商品薯的基本要求为：具有该品种固有的色泽和性状，薯块完整，无裂薯、畸形薯、绿薯，无明显的机械损伤和表皮损伤，无腐烂、黑心、病害、虫害、发芽、冻害和异味，污染物限量、农药最大残留限量应符合相关规定。

2. 质量要求　商品薯各级别的质量要求见表 4-2。表中的腐烂主要是由软腐病、湿腐病、晚疫病、青枯病、干腐病、冻伤等造成的。鲜食型商品薯中的质量指标不适宜结薯小的品种，其发芽指标也不适宜休眠期短的品种。

表 4-2　商品薯分级标准（%）

类型	检测项目	一级	二级	三级
鲜食	质量	150 g 以上≥95	100 g 以上≥93	75 g 以上≥90
	腐烂	≤0.5	≤3	≤5
	杂质	≤2	≤3	≤5
	机械损伤	≤5	≤10	≤15
	青皮	≤1	≤3	≤5
	发芽	0	≤1	≤3
	畸形	≤10	≤15	≤20
	疮痂病	≤2	≤5	≤10
	黑痣病	≤3	≤5	≤10
	虫伤	≤1	≤3	≤5
	总缺陷	≤12	≤18	≤25
薯片	大小不合格率（最短直径在 4.5～9.5cm 以外）	≤3	≤5	≤10
	腐烂	≤1	≤2	≤3
	杂质	≤2	≤3	≤5
	混杂	0	≤1	≤3
	机械损伤	≤5	≤10	≤15
	青皮	≤1	≤3	≤5
	空心	≤2	≤5	≤8
	内部变色	0	≤3	≤5
	畸形	≤3	≤5	≤10
	虫伤	≤1	≤3	≤5
	疮痂病	≤2	≤5	≤10
	总缺陷	≤7	≤12	≤17
	油炸次品率	≤10	≤20	≤30
	干物质含量	21.00～24.00	20.00～20.99	19.00～19.99
	还原糖含量		<0.20	
	蔗糖含量		<0.15 mg·g^{-1}	
薯条	大小不合格率（茎轴长度在 7.5～17.5 cm 以外）	≤3	≤5	≤10
	腐烂	≤1	≤2	≤3
	杂质	≤2	≤3	≤5

（续）

类型	检测项目	一级	二级	三级
薯条	混杂	0	≤1	≤3
	机械损伤	≤5	≤10	≤15
	青皮	≤1	≤3	≤5
	空心	≤2	≤5	≤10
	内部变色	0	≤3	≤5
	畸形	≤3	≤5	≤10
	虫伤	≤1	≤3	≤5
	疮痂病	≤2	≤5	≤10
	总缺陷	≤7	≤12	≤17
	炸条颜色不合格率（炸条颜色≥3 级为不合格）	0	≤10	≤20
	干物质含量	21.00～23.00	20.00～20.99	18.50～19.99
	还原糖含量		<0.25	
	蔗糖含量		<0.15 $mg \cdot g^{-1}$	
全粉	腐烂	≤1	≤2	≤3
	杂质	≤3	≤4	≤6
	混杂	≤5	≤8	≤10
	机械损伤	≤5	≤10	≤15
	青皮	≤1	≤3	≤5
	空心	≤3	≤6	≤10
	内部变色	0	≤3	≤5
	畸形	≤3	≤5	≤10
	虫伤	≤3	≤5	≤10
	疮痂病	≤2	≤5	≤10
	总缺陷	≤8	≤13	≤18
	干物质含量	≥21.00	≥19.00	≥16.00
	还原糖含量		≤0.30	
	芽眼深浅		浅	
	块茎最小直径		≥4cm	
淀粉	腐烂	≤1	≤3	≤5
	杂质	≤3	≤4	≤6
	机械损伤	≤7	≤12	≤17

（续）

类型	检测项目	一级	二级	三级
淀粉	虫伤	≤3	≤5	≤10
	淀粉含量	≥16.00	≥13.00	≥10.00

注：油炸次品率为通过油炸表现出异色、斑点的薯片质量占总炸片质量的百分率；疮痂病的病斑占块茎表面积的20%以上或病斑深度达2 mm时为病薯。

3. **质量检测** 马铃薯商品薯的表观性状指标采用目测法检测，品质性状指标中干物质含量采用水比重法，还原糖含量根据GB/T 5009.7测定，蔗糖根据GB/T 5009.8测定，薯条、薯片油炸颜色使用比色板检测法。

六、商品薯的流通规范

马铃薯商品薯的流通除了需要符合各级别的基本要求外，对包装、标识以及流通过程均有严格要求。

1. **包装** 材料要求使用无毒、清洁、干燥、牢固、无污染、无异味，且具有一定透气性、防潮性、抗压性的便宜可回收的包装，如瓦楞纸箱、麻袋、编织袋等。采收后应在清洁、阴凉、通风的环境中堆放，同一包装内选择产地、品种、等级一致的马铃薯进行包装，包装紧实，包装内产品的可视部分应具有整个包装马铃薯的代表性。

2. **标识** 标识应字迹清晰、持久性强、易辨认和识读。内容应包括产品名称、品种、等级、产地、净重、商标、企业名称、地址、联系方式等，其中商标标识必须是经国家市场监管相关部门注册登记的。对于散装销售的马铃薯，标识应表现在一份文件上，附贴在储藏库或运输车的醒目位置。

3. **流通要求** 《加工用马铃薯流通规范》（SB/T 10968）和《鲜食马铃薯流通规范》（SB/T 10577）分别详细说明了加工薯和鲜食薯在流通过程中产地采购、储藏、运输、批发和零售的基本要求。

七、商品薯的转基因成分检测

近年来，随着转基因研究中发现的问题及人们对转基因生物安全的关注，转基因植物必须考虑安全性问题和防止对环境造成污染。在科学上，对一种没有表现短期毒性和安全性的食品，则必须观察其远期毒性和安全性问题是否存在。因此，在远期安全性问题未得到明确结论之前，加强对基因食品的管理是非常重要和合理的。

1. 检测方法　目前国内外对转基因作物及其相关制品的检测主要是基于外源蛋白靶标和外源核酸成分的检测展开的，建立了一系列常见的快速、灵敏的转基因定性和定量检测技术，如酶联免疫吸附技术、PCR 技术、生物传感器、基因芯片技术等。其中由于 DNA 的稳定性很高，甚至在加工后的食品中也稳定存在，因而转基因马铃薯及其加工品的检测多数都是针对外源基因展开的。我国关于马铃薯转基因成分的检测标准《转基因成分检测　马铃薯检测方法》（SN/T 1198）主要介绍了普通 PCR 检测方法和实时荧光 PCR 检测方法。

普通 PCR 技术是转基因检测中常用的定性检测技术。该技术检测灵敏度较高，但模板 DNA 质量要求高、PCR 抑制因子种类多及结果的准确性易受假阳性和假阴性影响，对于量少、干扰成分复杂及被严重破坏的 DNA 样品的检测往往难以得到理想的结果。此外，普通 PCR 技术单次反应仅能针对一个靶序列，难以满足现行转基因成分快速检测的需求。实时荧光 PCR 技术是目前用于转基因检测的一类成熟和广泛的 PCR 检测技术。它是在普通 PCR 技术的基础上，在反应体系中添加荧光染料或荧光标记的特异性探针，通过荧光信号积累实时在线监控反应过程。常用的荧光染料主要有 SYBR Green、SYTO9、LC Green 及 Evagreen 等，常用的荧光探针主要有 Taqman、分子信标及 Dual Probes 等，其中 Taqman 探针应用最为广泛。Taqman 实时荧光 PCR 技术通过特异的探针荧光信号实现了整个 PCR 过程的实时闭管检测，省去了普通 PCR 中电泳、测序等后续处理过程，具有避免产物污染、特异性强、重复性好、可靠性高及操作时间短等优点，是目前主流的转基因检测技术。

2. 注意问题

（1）划分操作区工作　各工作区要有一定的隔离，操作器材专用，各区之间器材及产物不能随意串拿，避免交叉污染。

（2）操作过程　戴一次性手套，使用一次性吸头，严禁吸头混用，吸头不要长时间暴露于空气中，避免气溶胶的污染；避免反应液飞溅，若不小心溅到手套或桌面上，应立刻更换手套并用稀酸擦拭桌面；操作多份样品时，制备反应混合液，先将 dNTP、缓冲液、引物和酶混合好，然后分装；操作时设立阴性目标 DNA 对照、阳性目标 DNA 对照和提取空白对照；由于加样器最容易受产物气溶胶或标本 DNA 的污染，最好使用可替换或高压处理的加样器。

（3）DNA 提取　马铃薯叶片富含酚类物质、叶绿体色素，所以提取高纯度的 DNA 较难。在多酚氧化酶的作用下，酚被氧化成有色的醌类物质，影响核酸的提取质量，可以在提取液中加入适量的聚乙烯吡咯烷酮和巯基乙醇以降低酚类的干扰。为保证核酸样品的完整性，所有操作要轻，避免剧烈震荡，尤其是在液相吸取时避免界面混乱。

(4) 引物设计 设计得当，特异性高。引物浓度要适宜，引物太低则PCR产量低，太高又容易引发非特异性扩增。

(5) Mg^{2+}浓度 作用是dNTP－Mg与核酸骨架相互作用并能影响DNA聚合酶的活性，一般情况下Mg^{2+}的浓度在0.5～5 mmol·L^{-1}调整，同样记住的是在调整了dNTP的浓度后要相应调整Mg^{2+}的浓度。Mg^{2+}浓度升高则PCR特异性增加，Mg^{2+}浓度降低则有可能出现非特异性扩增。

第五章

马铃薯生产技术

一、概述

从农业标准化的定义理解马铃薯标准化生产，就是指运用“简化、统一、协调、选优”的原理，把科研成果和先进技术转化为标准，在马铃薯整个生产过程中实施应用，通过标准监督监管，保障产品的质量和安全，促进产品流通，规范市场秩序，指导生产，引导消费，从而实现经济、社会和生态效益的有机统一，并达到提高马铃薯生产水平和竞争力的最终目的。

马铃薯是我国传统的经济作物和粮食作物，产量和品质对其食用价值及主粮化发展影响巨大。而优质的马铃薯在形成过程中，最重要的就是生产环节，无论是种薯还是商品薯都需要有高效的生产技术。种薯的生产环节决定着多种病毒对其后代生产的影响，技术不到位，病毒脱除不净，将严重影响马铃薯后续生产中产品的产量和品质。而商品薯生产技术不合理，优质高效栽培技术缺乏，科技投入不足，将导致马铃薯病害发生、严重减产，或者因储藏期病害导致丰产不丰收，种植者经济效益严重受损，从而影响我国马铃薯产业的持续发展。所以马铃薯生产技术的标准化必不可少，目前我国已经制定了多项标准以规范马铃薯的生产技术，其中也包括一些特殊生产技术，如无公害食品马铃薯的生产技术、旱作马铃薯全膜覆盖技术等，详见表5-1。

表5-1 马铃薯生产相关标准

序号	标准名称	标准号
1	马铃薯脱毒试管苗繁育技术规程	GB/T 29375
2	马铃薯脱毒原原种繁育技术规程	GB/T 29376
3	马铃薯脱毒种薯生产技术规程	GB/T 29378
4	马铃薯商品薯生产技术规程	GB/T 31753
5	旱作马铃薯全膜覆盖技术规范	NY/T 2866
6	马铃薯种薯生产技术操作规程	NY/T 1606

（续）

序号	标准名称	标准号
7	马铃薯脱毒种薯繁育技术规程	NY/T 1212
8	无公害食品　马铃薯生产技术规程	NY/T 5222

二、标准应用情况

《马铃薯脱毒试管苗繁育技术规程》（GB/T 29375）规定了马铃薯茎尖脱毒与组织培养、脱毒试管苗扩繁的技术要求和操作规程，适用于马铃薯脱毒试管苗的培育和扩繁。而《马铃薯脱毒原原种繁育技术规程》（GB/T 29376）、《马铃薯脱毒种薯生产技术规程》（GB/T 29378）、《马铃薯种薯生产技术操作规程》（NY/T 1606）和《马铃薯脱毒种薯繁育技术规程》（NY/T 1212）规定了马铃薯脱毒原原种、原种、大田种薯的生产技术要求和操作规范，适用于马铃薯各级种薯的生产繁育。

《马铃薯商品薯生产技术规程》（GB/T 31753）规定了马铃薯商品薯种植的地块选择、品种选择、土壤准备、种薯处理、播种、田间管理、病虫草害综合防治、收获前准备、收获、储藏管理等整个生产环节的技术要求。《无公害食品　马铃薯生产技术规程》（NY/T 5222）规定了无公害食品马铃薯生产的术语和定义、产地环境、生产技术、病虫草害防治、采收和生产档案，适用于无公害食品马铃薯的生产。

《旱作马铃薯全膜覆盖技术规范》（NY/T 2866）规定了北方旱作区马铃薯全膜覆盖技术的播前准备、起垄、覆膜、播种、田间管理和残膜回收等的技术要求，适用于年降水量 250～550 mm 地区的北方旱作区马铃薯种植。

三、基础知识

（1）叶原基　在茎尖生长点的基部形成的突起。

（2）茎尖　芽顶端部分（0.1～10 mm），其中包括分生组织及芽原基和正在发育的叶原基。

（3）茎尖分生组织　茎部位具有持续或周期性分裂能力的细胞群。

（4）离体培养　从植物分离出符合需要的器官、组织、细胞、原生质体等，通过无菌操作，在人工控制条件下进行培养以获得再生的完整植株或生产具有经济价值的其他产品技术。

（5）脱毒　应用茎尖分生组织培养技术，脱去危害马铃薯的病毒的过程。

(6) 缺陷薯 有畸形、次生、串薯、龟裂、冻伤、草穿、黑心、空心、发芽、失水萎蔫、机械损伤等缺陷的马铃薯块茎。

(7) 块茎休眠期 块茎收获后，在一定的时期内，块茎即使在适宜的条件下也不能萌发的时期。

(8) 杀秧 用化学药剂或机械杀死马铃薯地上秧蔓的方法。

(9) 积温 作物生长发育阶段内平均气温的总和。

(10) 相对含水量 土壤含水量占田间最大持水量的百分比。

(11) 旱作农业 也称雨养农业，指主要依靠自然降水进行生产的农业。

(12) 覆盖保墒 通过田间覆盖地膜、秸秆、生草等，达到集雨、保墒和提高地温等作用，实现作物高产稳产目标。

(13) 全膜覆盖技术 用地膜对地表进行全膜覆盖，实现集雨、保墒、调节地温、抑制杂草等多种功能的高效用水农业技术模式。

四、种薯生产繁育技术

马铃薯脱毒种薯的生产繁育流程见图 5-1。

1. 脱毒试管苗的生产繁育 茎尖培养脱毒的原理即“植物体内病毒梯度分布学说”，病毒在植物体内的分布是不均匀的，病毒的数量随植株部位及年龄而异，越靠近顶端分生区域的病毒感染浓度越低，生长点则几乎不含病毒或含病毒很少（由于病毒运转速度慢，加上茎尖分生组织没有维管束，病毒只能通过胞间连丝传递，赶不上细胞分裂和生长的速度，所以生长点的病毒数量极少或无）。因此，可采用小的茎尖离体培养而脱除植物病毒。马铃薯脱毒试管苗的繁育流程为茎尖脱毒与培养→病毒检测→试种观察→基础苗培养→基础苗保存→扩繁→壮苗培养。

马铃薯茎尖脱毒的材料可以是在田间选择的健康植株的中下部短枝茎尖、腋芽或对其健康种薯催芽后进行茎尖剥离。将取材置于 (37±1)℃培养箱中处理3～4周进行病毒钝化，取其顶芽或侧芽 2～3 cm 消毒处理，在超净工作台上剥去外叶，从 0.1～0.3 mm 处切取带有 1～2 个叶原基的部分，进行离体培养。待生长至看到明显的小茎和小叶时转移到 MS 培养基上，培养成 4～5 个叶片的试管苗。将每株试管苗的上部 1/3～1/2 茎段转入新的培养瓶，下部1/3～1/2茎段装入病毒检测的样品袋中，检测方法按照《脱毒马铃薯种薯（苗）病毒检测技术规程》（NY/T 401—2000）执行，筛选出脱毒苗，试种观察，检验其是否发生变异，符合原品种的典型性状的脱毒苗即为核心苗。然后利用核心苗进行基础苗培养、保存、扩繁、壮苗培养等一系列工作。注意，扩繁前还要进行一次基础苗的病毒和类病毒检测，检测是否在培养和保存过程中

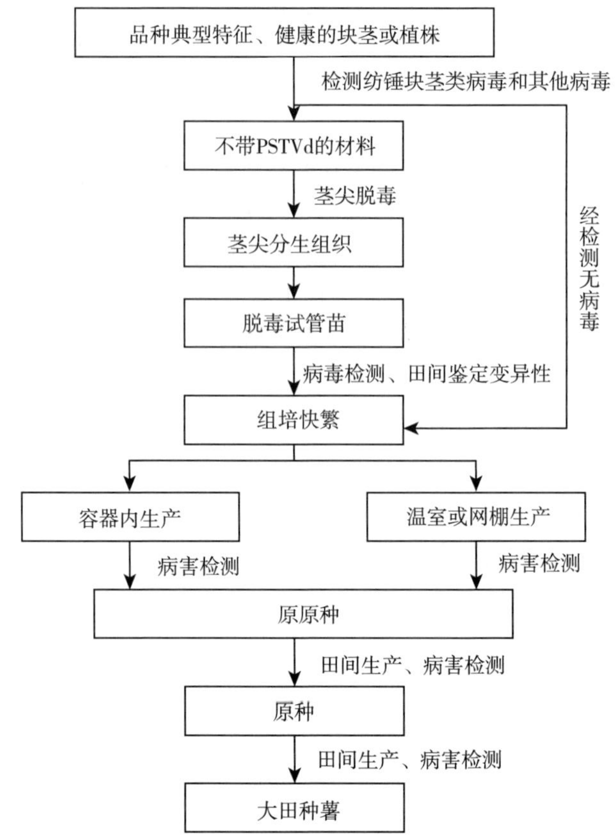

图 5－1　马铃薯脱毒种薯的生产繁育流程

再次感染病毒或类病毒。

目前，马铃薯脱毒试管苗的扩繁方式有 2 种，一种是常规的固体培养基繁殖法，另一种则是新型的液体培养基繁殖法。无论哪种繁殖方法，都需要严格注意繁殖过程中的污染问题。常见的污染原因主要有由于材料本身不健康、培养基灭菌不彻底、工作人员操作不规范等原因造成的细菌污染，或者培养基封口不严、母液储备液污染、超净工作台滤布不洁、接种室真菌孢子浓度过大等原因造成的真菌污染。对于这些污染源我们必须做到规范化操作，提早预防，及时控制。

2. 原原种的生产繁育　主要有 3 种生产方式，分别为试管薯、基质原原种、雾培原原种。其中试管薯生产环境便于人为控制，能在有限的空间多层位立体栽培，具有种薯质量好、耐储存、好运输、可周年生产的优点，缺点是操作繁杂，成本较高；基质原原种生产方式具有技术简单、容易操作、成本低、可在开放的环境条件进行的优点，缺点是开放环境容易被蚜虫传染病毒；雾培原原种的优点是可杜绝土传病害、单位面积产量高、生产周期短、可很好地人为控制生产条件等，缺点则是生产技术要求高和成本高。下面对 3 种原原种生产方式的技术要点进行简单介绍。

（1）试管薯生产技术

①温度管理。脱毒苗茎段腋芽处长出 6～8 片叶后，将小苗转接到诱导结薯的培养基上，适宜温度为 18～20℃。试管薯形成后温度为 20℃左右长势最好，低于 15℃时试管薯的数量和质量降低。

②光照管理。试管苗在全黑暗条件下培养可使试管薯提早形成，且结薯位置相对集中，但单薯质量和总薯质量低；而在 $8\ h \cdot d^{-1}$ 的散射光（500～1 000 lx）照射，试管薯的总结薯质量和大薯比率均有增加。

③培养基要求。马铃薯试管薯的诱导培养基（MS＋6－苄基腺嘌呤）中加入 $80\ g \cdot L^{-1}$ 蔗糖处理对试管薯的诱导效果显著；液态培养基比固态培养基效果好，是因为液态培养基相比固态培养基更有利于营养物质的扩散分布，有利于马铃薯试管薯在发育过程中对养分的吸收。

（2）基质原原种生产技术

①温度管理。马铃薯块茎生长的适宜温度是 16～18℃，茎叶生长的适宜温度是 19～22℃，所以在扦插前期温度可稍高，在生长中后期适当降低，且昼夜温差大有利于块茎的形成与生长。

②湿度管理。扦插初期小拱棚里的湿度应保持在 95％～100％，蛭石的湿度为 100％；幼苗长出新根后，保持基质湿度 60％～70％；块茎膨大期保持基质的最大持水量 75％～80％。

③光照。冬季扦插尽可能多见日光，并增加温室和小拱棚的透光度；夏季则需要避免强光照射，中午需采取遮阳措施。

④病虫害防治。病害发生时，及时处理病株，拔除或隔离；及时喷施化学防治药剂，每 7 d 喷 1 次，连续喷 2～3 次；清除温室及拱棚内外的杂草，且利用化学药剂防治蚜虫。

⑤叶面追肥。在苗势弱时，用 0.2％尿素溶液和 0.1％磷酸二氢钾溶液及少量葡萄糖溶液叶面喷施。

⑥收获与储藏。扦插苗到生长后期，薯秧逐渐变黄。停止营养液和水分供应，促进薯皮老化，每批收获的微型薯不要混放在一起，新收获的微型薯要放在盘子里或其他木板上晾一晾，不要让阳光直射，之后与标签单一同储藏在布袋或者透气的容器里。储藏期温度控制在 2～4℃，湿度控制在 85％～90％。

（3）雾培原原种生产技术

①营养液。以 MS 培养基为基础的改良配方比较适宜雾培薯的生产。该配方每立方米含 N 179 g、K_2O 703 g、P_2O_5 181 g、SO_2 93 g、$FeSO_4$ 27.85 g、

EDTA-Na 14.7 g及0.6倍的MS微量元素。每3周更换1次营养液，更换时要彻底清理营养池，防止根部碎屑等杂质堵塞喷头。

②定植。选取长5 cm以上的脱毒苗，每孔植入1苗，苗基部尽可能伸入槽内，以防微型薯形成在盖板上，导致减产和品质降低；如果脱毒苗比较细弱，可以用海绵固定，并采取一定的遮阳措施，防止脱毒苗过度脱水死亡。

③喷雾时间。栽苗7～10 d的喷雾方式为喷30 s后停3 min，待根系发达后适当延长停喷时间。高温和晴朗天气，5～30 min时间段内喷雾30～40 s。夜间和阴雨天6 min～1 h时间段喷雾20 s。

④温度和湿度。整个生育期湿度控制在55%～65%；温度在不同阶段要求不同，苗期温度控制在10～15℃，茎叶生长期至现蕾期温度控制在20～28℃，开花期匍匐茎开始生长温度控制在18～22℃；喷雾时的水温控制在10～20℃。

⑤收获与储藏。采收分次进行，采收标准为4～5 g的微型薯，每周采收1次。采收时要轻采轻放，以免拉断匍匐茎；由于雾培微型薯的含水量比较高，合适的温度、湿度可以防止其皱缩或腐烂。试验表明，储藏于2～4℃、湿度为80%的冷库中较为合适。

3. 原种及大田种薯的生产繁育 原种和大田种薯的生产过程均包括选地与整地、选种、催芽、切块、拌种、播种、田间管理、收获环节。

(1) 选地与整地 前茬最好是小麦、玉米、谷子、豆类等作物，切忌与茄科作物、块根作物轮作，选择地势平坦、土层深厚、通透性好、肥力中上等的田块，并可灌水排水，秋季深耕25～30 cm。

(2) 选种 通过块茎休眠期的原原种或原种提前出窖，剔除病、烂薯和缺陷薯。

(3) 催芽 在散射光、通风条件下1周内缓慢升温至7～10℃，然后置于10～15℃催芽至芽长0.5～1.0 cm。

(4) 切块 30～50 g小薯整薯播种，大于50 g种薯切块播种，切刀用75%酒精或1%的高锰酸钾溶液浸泡消毒。

(5) 拌种 主要针对土传病害、块茎病害、地下害虫，采用化学药剂处理防控。每50 kg芽块用70%甲基硫菌灵可湿性粉剂27 g或滑石粉650 g，充分混合均匀拌种；或者用30 g霜脲·锰锌与25 g甲基硫菌灵兑水2 kg喷拌667 m^2地块用薯，边喷边拌，待晾干后播种。也可用其他适宜的杀菌剂和杀虫剂拌种，按说明书使用。

(6) 播种 4月下旬至5月上旬，10 cm地温处稳定在7～8℃，土壤湿度以“合墒”最好，土壤含水量在14%～16%时即可播种。

(7) 田间管理 需要从高级别种薯向低级别种薯依次作业，及时进行浇水、培土、追肥、中耕、除草、拔杂等工作。

(8) 收获 收获前3～4周使用机械或者化学药剂进行杀秧，若发现黄皿诱芽器上有翅蚜数量突增，应在10 d内完成杀秧工作，杀秧后秧蔓枯死、块茎和匍匐茎脱离时开始收获，收获后晾晒，清除杂物，分拣装袋。

《马铃薯脱毒种薯生产技术规程》(GB/T 29378—2012) 中详细规定了病虫草害防治方法，以及土壤、基质、施肥、灌溉、农药、收获、记录、质量追溯等的管理体系内容。

五、商品薯生产繁育技术

1. 商品薯生产过程 马铃薯商品薯生产过程主要包括地块选择、合理轮作、品种和种薯选择、土壤准备、种薯处理、播种、田间管理、病虫草害综合防治、收获、储藏等方面。

(1) 地块选择 选择能提供马铃薯健康生长的环境条件，即土壤具有均衡稳定的水、肥、气、热条件，并不含影响马铃薯生长的各种致病因子。如不存在除草剂药害、可灌水排水、透气性好等。

(2) 合理轮作 土壤是多种病虫害的温床，马铃薯病虫害主要有晚疫病、青枯病、癌肿病、疮痂病、线虫、地老虎和金针虫等。与非寄主作物轮作是一项最有效的防治土传病害的措施。通过4年以上的轮作可基本消除土壤中青枯病的危害，轮作5年以上，可基本消除癌肿病的危害。但并非所有马铃薯生产地区都有条件进行长期轮作。因此，基本要做到2～3年轮作，且不能与茄科作物和块根作物轮作。

(3) 品种和种薯选择 品种应根据所在区域，选择生育期适宜、抗病虫害、经济效益好的品种；种薯应选无病、表皮光滑且嫩薄、薯形正、芽眼明显且具有该品种特征的薯块；储藏不当或储藏时间过长而衰弱的薯块，发芽细长纤弱的薯块，生活力弱、易感病的薯块不能作种薯，同时种薯应达到相关标准的大田种薯以上级别。

(4) 土壤准备 应取土壤样品检测养分，以确定施肥用量及种类；前一年秋季深耕土地，播种前旋耕、平整、细碎土地。

(5) 种薯处理 播种前10～15 d出库，剔除病、烂、表皮龟裂、畸形薯。在通风、有散射光条件下催芽，待芽长0.5～1.0 cm即可切块播种。切块、药剂拌种均可参考上述种薯生产技术标准。

(6) 播种 一般地面下10 cm地温稳定在7℃以上即可播种，南方秋、冬季地区10 cm地温最高不超过20℃。播种深度8～15 cm，肥料施在块茎下2～5 cm。播种密度根据不同用途和成熟期而定，一般每667m^2 地块早熟品种4 500～5 000株，每667m^2 地块播中晚熟品种4 000～4 500株。

（7）田间管理 ①中耕。苗长势一致，苗高5 cm左右时，进行第1次中耕培土；苗高15 cm左右时进行第2次中耕培土，这时幼苗矮小，需浅耕；若为晚熟品种，开花期进行第3次中耕，以利于匍匐茎生长和形成。

②施肥。一般每生产1 000 kg薯块需要施入纯氮（N）4～5 kg，磷（P_2O_5）2～4 kg，钾（K_2O）8～12 kg，根据测土配方计算总需肥量。一般底肥施入总肥量的50%～70%，剩余的追肥施入，也可喷施叶面肥。注意收获前30 d需停止施肥。管理期间病虫草害防治技术要点见本书马铃薯病虫草害防治技术部分。

（8）收获 植株叶色由绿变黄转枯，茎叶大部分枯黄，块茎脐部与着生的匍匐茎不需要用力拉就可以分开，块茎表皮韧性大、皮层变厚，色泽正常，表明马铃薯生理成熟可以收获。收获前7～10 d停止浇水，以促进薯皮老化，降低块茎含水量，增强耐储性。选择晴天进行收获，避免烈日暴晒。收获后按照用途分级，入库保存。

（9）储藏 入库前清除储藏设施中残留马铃薯，并进行消毒处理。储藏期间管理及设施要求遵循储藏相关标准，详见本书马铃薯储藏部分。

2. 无公害马铃薯生产技术 无公害食品指无污染、无毒害、安全优质的食品，在国外称为无污染食品、生态食品、自然食品。在我国，无公害食品需要生产地环境清洁，按规定的技术操作规程生产，把有害物质控制在规定的标准内，并通过相关部门授权审定批准，可以使用无公害食品标志的食品。无公害食品需要相关部门检测，才允许贴上相应标签。我国负责无公害农产品认证的机构是农业农村部农产品质量安全监管司，主要办理无公害农产品标志的使用手续，负责无公害农产品标志使用的监督管理，接受无公害农产品产地认定结果备案，对无公害农产品标志的印制单位进行委托和管理，开展无公害农产品质量安全认证的国际交流和合作等。

（1）生产技术要点 无公害食品马铃薯是指产地环境、生产过程和产品质量符合国家有关标准和规范的要求，经认证合格获得证书并允许使用无公害农产品标志的、优质的、未经加工或者初加工的食用马铃薯。无公害食品马铃薯允许限量、限品种、限时间使用化肥、农药，但在上市检测时不得超标。无公害马铃薯的生产技术要点主要是产地环境、施肥和病虫害防治。

①产地环境。生产无公害马铃薯，要严格控制生产基地的环境条件，产地应选择生态条件良好、远离污染源，并具有可持续生产能力的农业生产区域。通过对基地及其周围环境的监测，确保基地的大气、灌溉水、土壤环境质量符合国家的无公害蔬菜生产基地环境质量标准，且3年以内没有种植过马铃薯或其他茄科作物。

② 施肥原则。一是以有机肥为主、化肥为辅，重视优质有机肥的施用，合理配施化肥，有机氮与无机氮比不低于 1∶1，用地养地相结合。

二是平衡施肥，以土壤养分测定结果和马铃薯需肥规律为依据，按照平衡施肥的要求确定肥料的施用量。虽然各地都有相应标准予以规定，但一般不会超出以下原则：每 667m^2 地块最高无机氮养分施用限量为 15 kg，而无机磷肥、钾肥施用量则视土壤肥力状况而定，以维持土壤养分平衡为准，禁止使用含氯化肥。

三是营养诊断追肥，根据马铃薯生长发育的营养特点和土壤、植株营养诊断进行追肥，以及时满足马铃薯对养分的需要。前期工作就是做到测土配方施肥，后期是根据植株长势进行追肥。

③病虫害防治技术。无公害马铃薯生产的病虫害防治以预防为主，综合防治，优先采用农业、物理和生物防治措施，科学使用化学农药，严禁在马铃薯上使用高毒、高残留农药，协调各项防治技术，发挥综合效益，把病虫损失控制在经济允许水平以下，并保证马铃薯中农药残留量符合无公害蔬菜相关标准要求。

农业防治：通过选用良种、合理轮作，采用科学栽培管理措施来提高马铃薯本身抗病虫、抗逆能力，“健身防病”是无公害马铃薯生产的重要手段。具体措施包括选用优良抗病品种、及时清理育苗场地和栽培场地、深翻晒垡、合理密植、增施腐熟有机肥、高垄结合地膜覆盖等。

物理防治：合理利用物理、人工防治技术。利用昆虫趋光性的特点，安装频振式杀虫灯进行杀虫。该灯杀虫谱广，诱杀害虫多，对天敌相对安全，对蛾类、地下害虫诱杀效果显著，具有使用方便、安全、经济、无污染等优点，值得在无公害马铃薯生产上大面积推广使用。利用昆虫趋黄性的特点，使用黄板诱杀斑潜蝇、蚜虫等害虫。另外，也可在有条件的地方设置防虫网，应用银灰色反光膜驱避蚜虫，田间追挖地老虎等。

生物防治：释放天敌，如捕食螨、寄生蜂、七星瓢虫等。保护天敌，创造有利于天敌生存的环境，选择对天敌杀伤力低的农药，以达到利用天敌捕食马铃薯生长期间泛滥害虫的生物防治效果。

化学防治：在上述措施的基础上，根据病虫害发生规律适时选择合适的化学农药种类、剂型，合理混用、轮换用药，控制用药次数、用药量，遵守安全间隔期，以延缓病虫产生抗药性，控制马铃薯薯块的农药残留量。严禁施用高毒、剧毒、高残留农药，包括磷化铝、甲胺磷、甲基对硫磷、对硫磷、久效磷、甲拌磷、甲基异柳磷、异丙磷、甲基硫环磷、克百威、涕灭威、灭线磷、硫环磷等农药。

（2）田间生产技术档案的建立 田间生产技术档案是种植者对田间生产过

程的记录，凭借这个档案，可追溯无公害食品马铃薯的品种、种植田块、化肥和农药施用情况、灌溉情况、采收时间等其他生产技术以及种植者等信息，确保高质量无公害食品马铃薯走向市场。建立田间档案，使无公害食品马铃薯生产的每一个环节一目了然，既可满足消费者的知情权和选择权，让消费者放心，也增加了生产者的压力，使产品具有可追溯性，从而保障无公害食品马铃薯的安全，增加产品受市场欢迎的程度。

无公害食品马铃薯田间生产技术档案的建立要求对生产技术、病虫害防治和采收各环节所采取的主要措施进行详细记录，包括品种、种薯级别、前茬作物、土壤类型、播种技术、采收，农药名称、通用名、登记证号、剂型、施用时间、施用量、次数，肥料名称、登记证号、类型、施用量、施用方法等各类农事操作。

3. 旱作区马铃薯全膜覆盖技术 全膜覆盖是北方旱作区马铃薯生产的重要技术之一，原理就是在田间起大小双垄后，用地膜对地表进行全覆盖，在垄上种植，集成膜面集水、垄沟汇集、抑制蒸发、增温保墒、抑制杂草等功能。这种技术使自然降水得到了更大限度地利用，解决了自然降水被大量蒸发、降水保蓄率和利用率低的问题，有效缓解干旱影响，实现高产稳产。

马铃薯全膜覆盖技术的重要环节为起垄覆膜，它与常规覆膜技术的不同在于：常规技术只覆盖农田一部分；而全膜覆盖是对农田进行全覆盖，没有土壤裸露处，从而使得土壤水分蒸发降到最低。对于全膜覆盖技术，技术要点主要有 5 个方面。

（1）选地与整地 马铃薯全膜覆盖栽培技术，应选择地势平坦、土层深厚、土质疏松、有机质含量高、保水保肥能力强的地块，前茬以麦类或豆类作物为好。前茬作物收获后，伏天深耕 30 cm，耕后晒垡，接纳降水，熟化土壤。秋季深耕，采用耕后耙耱措施收墒。通过整地达到地面平整、土壤细绵、无坷垃、无大的根茬的要求。

（2）施肥 马铃薯全膜覆盖栽培技术，施肥应以有机肥为主，每 667 m^2 地块施农家肥 1 500 kg 以上，结合秋季耕翻施入。春季起垄前在划好的大垄中间开 10 cm 深的沟，将氮磷钾化肥施入。由于旱作覆膜，马铃薯生长期间不便追肥，一般应将肥料全部底施。生长期间表现脱肥现象时，可进行根外追肥。

（3）起垄覆膜 起垄覆膜可在秋季整地后进行，也可在春季播种前 30 d 左右顶凌起垄覆膜。按照预先设定的起垄规格划行起垄，大小垄共宽 110～120 cm，大垄垄宽 60～70 cm、垄高 10 cm，小垄垄宽 40～50 cm、垄高 15 cm 左右，大小垄相间排列。边起垄边覆膜，防止土壤水分蒸发。选用厚度 0.01 mm、宽 140 cm 的地膜进行全面地膜覆盖。相邻两幅地膜在大垄垄脊相接，用土压实。覆膜时顺垄覆盖地膜，地膜应拉展铺平，与垄面、垄沟贴紧，膜上每隔 2 m 用土横压，防止大风掀起地膜。覆膜 1 周后在垄沟内每隔 50 cm 左右打一直径 0.5～1 cm 的渗水孔。

(4) 种薯及播种　根据各地气候、土壤条件以及市场需求，选择适宜的优良品种。无论选什么品种，都必须选择优质的脱毒原种或一级种种薯播种。

土壤 10 cm 处温度稳定在 8～10℃时开始播种。根据各地降水量及其降水集中程度，种薯可播种在大垄垄侧，也可播种在大小垄间的垄沟中。若降水量少，种薯应播种在垄沟内。降水量大且雨水较集中时，应播种在大垄垄侧，一垄播种两行，行距 40～50 cm。根据品种、土壤肥力、市场需求情况，每 667 m^2 地块播种 3 500～4 000 株。采用人工膜上打孔播种的方法进行播种，播种深度 10～15 cm。

(5) 查苗放苗及查膜护膜　出苗期间经常查苗，若幼苗与播种孔错位，应及时放苗，以防烧苗。

马铃薯起垄覆膜后应经常检查膜面完好情况，发现破膜的地方及时用土封严，防止大风揭膜。

第六章

马铃薯病虫草害防治技术

一、概述

马铃薯病虫草害是影响马铃薯生产稳定发展和限制单产提高的重要因素。马铃薯病害一般使马铃薯减产10%～30%，严重减产70%以上。马铃薯病虫害防治要贯彻预防为主、综合防治的植保方针，抓住关键时期、关键环节、关键措施和重点病虫害。配合马铃薯的高产创建，做好马铃薯晚疫病、早疫病、青枯病、黑胫病、环腐病、疮痂病、二十八星瓢虫、蚜虫、地下害虫、斑潜蝇、豆芫菁的综合防治是提高马铃薯产量的重要方法。然而，目前针对性的防治标准缺乏，亟待重视和加强。马铃薯田间杂草也是影响产量的主要因素之一，遇到雨水较多的年头，杂草生长旺盛，严重影响马铃薯植株的生长发育。随着科学的进步，各类除草剂不断创新，除杂草直观效果理想，但除草剂的滥用也导致了严重的田间药害。因此，为避免产生药害，在马铃薯除草剂推广使用前进行药剂试验成为必然。

马铃薯病虫草害的统防统治是指具有专业技术和设备的服务组织，开展的规模有序的社会化防治服务。它能够丰富和强化安全控害技术，提高防治工作的快速反应能力，符合马铃薯产业的现代发展方向，并提升植保工作力度，保障产品安全、生态安全以及农业生产安全。农药产品质量标准的制定直接关系到农业生产、环境保护和人类健康。近年来农药市场混乱，在发达国家的不合格率为10%～30%，而在发展中国家更加突出，不合格率达到50%以上，所以迫切需要综合整治。我国从2000年2月1日开始发布了一系列的病虫草害防治技术标准，详见表6-1。

表 6-1 马铃薯病虫草害防治技术标准

序号	标准名称	标准号
1	农药田间药效试验准则（一）杀虫剂防治马铃薯等作物蚜虫	GB/T 17980.15
2	农药田间药效试验准则（一）杀菌剂防治马铃薯晚疫病	GB/T 17980.34
3	农药田间药效试验准则（二）第 133 部分：马铃薯脱叶干燥剂试验	GB/T 17980.133
4	农药田间药效试验准则（一）除草剂防治马铃薯地杂草	GB/T 17980.52
5	农药田间药效试验准则 第 42 部分：杀虫剂防治马铃薯二十八星瓢虫	NY/T 1464.42
6	马铃薯晚疫病测报技术规范	NY/T 1854
7	马铃薯晚疫病防治技术规范	NY/T 1783
8	马铃薯主要病虫害防治技术规程	NY/T 2383
9	热处理脱除马铃薯卷叶病毒技术规程	SN/T 4338
10	马铃薯甲虫防控技术规程	NY/T 3267

二、标准应用情况

《农药田间药效试验准则（一） 杀虫剂防治马铃薯等作物蚜虫》（GB/T 17980.15）、《农药田间药效试验准则（一） 杀菌剂防治马铃薯晚疫病》（GB/T 17980.34）和《农药田间药效试验准则 第 42 部分：杀虫剂防治马铃薯二十八星瓢虫》（NY/T 1464.42）规定了杀虫剂、杀菌剂防治马铃薯蚜虫、二十八星瓢虫和晚疫病的田间药效小区试验的方法和基本要求，且适用于登记用田间药效小区试验及药效评价。《农药田间药效试验准则（二） 第 133 部分：马铃薯脱叶干燥剂试验》（GB/T 17980.133）和《农药田间药效试验准则（一） 除草剂防治马铃薯地杂草》（GB/T 17980.52）规定了脱叶干燥剂和除草剂田间药效小区试验的方法和基本要求。

《马铃薯晚疫病防治技术规范》（NY/T 1783）和《马铃薯晚疫病测报技术规范》（NY/T 1854）规定了马铃薯晚疫病的主要防治技术和方法，并根据马铃薯晚疫病防治的技术要求，规定了马铃薯晚疫病的发生程度的分级；规定了系统调查时的调查田块、调查时间、中心病株的调查、病情动态调查；规定了大田普查时的调查时间、调查田块、调查内容；规定了气象要素观测；规定了预报方法中发生期预报、发生程度和发生面积的预报、数据汇总和汇报；规定了防治方法中选用抗、耐病脱毒种薯品种、种植无病种薯（精选种薯和种薯消毒）、生长期药剂防治（病前预防和大田防治的药剂及用法）等的技术操作规范。

《马铃薯主要病虫害防治技术规程》（NY/T 2383）规定了马铃薯病虫害的防治技术和综合防治方法，但太过笼统。

《热处理脱除马铃薯卷叶病毒技术规程》（SN/T 4338）规定了热处理脱除马铃薯卷叶病毒的程序及再生苗的病毒检测方法。适用于对感染马铃薯卷叶病毒的马铃薯块茎、组培苗进行热处理。

三、基础知识

1. 名词解释

（1）马铃薯病虫害 指在马铃薯生长和储藏过程中发生，造成马铃薯产量损失、块茎质量和品质下降的主要病害和虫害的总称，包括晚疫病、早疫病、青枯病、黑胫病、黑痣病、干腐病、环腐病、疮痂病等病害，以及蚜虫、二十八星瓢虫、蛴螬、蝼蛄、金针虫、地老虎、潜叶蝇、豆芫菁等虫害。

（2）马铃薯晚疫病 由致病疫霉［*Phytophthora infestans*（Mont.）de Bary］侵染引起的一种流行性病害。

（3）中心病株和始见期 田间最早出现的发病植株为中心病株，发现中心病株的日期为始见期。

（4）现蕾期 有50%的马铃薯植株长出花蕾但未开花的时期，为马铃薯现蕾期。

（5）标蒙预测法 在菌源条件下，在作物生长季节连续48 h内，第1次出现最低气温不低于10℃、相对湿度在75%以上的天气，在此条件下经过15～22 d田间即可出现马铃薯晚疫病中心病株。

（6）严重度分级标准 每株发病叶片占全株总叶片数的比例，分为5级表示。0级为无病；1级为病叶占全株总叶片数的1/4以下；2级为病叶占全株总叶片数的1/4～1/2；3级为病叶占全株总叶片数的1/2～3/4；4级为全株叶片几乎都有病斑，大部分叶片枯死，甚至茎部枯死。

（7）病情指数 用以表示病害发生的平均水平，通过公式计算病情指数。

$$I=\frac{\sum(d_i \times l_i)}{P \times D} \times 100\%$$

式中：I——病情指数；d_i——各严重度级值；l_i——各级严重度病株数；

P——调查总株数；D——严重度最高级别的数值。

2. 主要病害症状

（1）晚疫病　主要危害叶片、茎秆和块茎。叶片感病时最先为下部叶片、叶尖和叶缘出现水浸状绿褐色斑点，扩大形成浅绿色圆形或半圆形大病斑，湿度大时病斑会迅速扩大，呈褐色，并产生一圈白色霉状物，病斑背部尤其明显，且病斑可以扩展至叶脉、叶柄，以至整个植株，使植株变黑腐烂。而天气干燥时病斑呈褐色，但不产生白色霉状物，进一步的发展则受到抑制。块茎感病时表面产生褐色或紫褐色不规则病斑，稍有凹陷，病斑下薯肉变褐腐烂。

（2）早疫病　主要危害叶片和块茎。叶片感病时产生黑褐色圆形或近圆形病斑，具有同心圆纹路，湿度大时病斑部位有黑色霉状物。块茎被侵染后会产生深褐色凹陷病斑，也为圆形或近圆形，皮下为浅褐色海绵状干腐。

（3）环腐病　主要危害叶片、茎秆和块茎。感病初期症状为叶脉间褪绿变黄，而叶尖、叶缘和叶脉仍为绿色，叶缘和全叶逐渐枯黄，向上卷曲，一般从植株下部开始发病，逐渐向上部发展，直至全株枯死。块茎感病后可见维管束变为淡黄色、乳黄色，严重发病后维管束全部变色，形成环形腐烂，皮层与髓部分离，但无恶臭。

（4）疮痂病　主要危害块茎，植株一般无症状。感病后块茎表皮产生褐色隆起小斑点，扩大后形成圆形或者不规则大斑，中央凹陷或凸起呈疮痂状硬块，表面粗糙，呈深褐色，但仅限于皮层表面，不深入块茎内。

（5）青枯病　主要危害整个植株。植株感病后从下部开始急速萎蔫，先为叶萎垂，植株仍为绿色，后表现全株枯死。茎秆感病后出现褐色条纹，横剖可见维管束变为褐色，湿度大时有白色菌脓液溢出。块茎感病后，切开可见维管束变黄或褐色，周缘水浸状，手挤压可见白色菌脓液溢出，但薯皮和薯肉不分离。

（6）黑胫病　主要危害茎及块茎。种薯带病导致其不发芽，在土壤中腐烂发臭，即使出芽成苗，也将腐烂死亡。成株感病后茎基部变墨黑色，植株矮化、僵直，叶片卷缩，褪绿黄化，直至萎蔫死亡。块茎感病表现从脐部开始变褐，呈放射状，维管束黑褐色，最后整个块茎腐烂发臭。

（7）马铃薯甲虫　成虫体长10mm，卵圆形。橘黄色，头、胸部和腹面散布大小不同的黑斑，各足跗节和膝关节呈黑色，每鞘翅上有5个黑色纵条纹，十分艳丽。成虫在地下越冬。在春季马铃薯出土时，越冬成虫出现，产卵于叶子反面，每雌产卵300～500粒。老熟幼虫入土化蛹。1年发生1～3代。除对马铃薯造成毁灭性灾害外，还危害番茄、茄子、辣椒、烟草等茄科作物。

四、技术要点

1. 药剂防治病虫草害的试验方法

(1) 试验条件 药剂防治马铃薯病虫草害的试验条件主要包括对象、作物和环境。对象即害虫、病菌和杂草，《农药田间药效试验准则》规定了以蚜虫、二十八星瓢虫、晚疫病和杂草为防治对象的试验方法和基本要求，作物主要为马铃薯，且最好选用敏感品系或者当地主栽的品种。试验环境中，无论是杀虫剂还是杀菌剂，要求均不能在耕地的四周使用，必须设在耕地中间，试验小区的设计要与常规管理一致，且符合当地良好农业规范（GAP）的要求，试验地还要有足够的目标害虫和病害，可选用历年受害地块。

(2) 试验设计和安排 用于田间药效试验的药剂必须注明药剂的商品名/代号、中文名、通用名、剂型、含量和生产厂家。试验药剂处理需 3 个以上，也就是说使用 3 个以上的剂量用于药效试验，也可按照试验委托方与试验承担方签订的试验协议中规定的用药剂量进行试验。而对照药剂必须是已经登记注册过的药剂，该药剂已经应用于马铃薯的生产实践，并已证明有较好的防治效果。药剂的类型和作用方式应同试验药剂相近，并使用当地药剂的常用量，特殊情况可视试验目的而定。施药的方法不论是喷雾、种子处理，还是土壤处理都要和试验药剂保持一致。

小区设计要求重复次数不少于 4 次，面积为 20～50 m^2，试验处理均采用随机区组排列，如有特殊情况须加以说明。

(3) 施药方法 用杀菌剂、杀虫剂或除草剂防治马铃薯病虫草害时，要达到最佳的施药效果，药剂的使用方法、使用器械、施药时间和次数、使用剂量和容量必须是最佳的，否则达不到最佳的田间药效。

用杀菌剂、杀虫剂或除草剂防治马铃薯病虫草害时所选用的器械必须是生产上常用的，使用前要把器械的类型和操作条件（操作压力、喷孔口径）的全部资料记录下来，用药时要保证药量的准确性和均匀性，药量偏差不能超过±10%，药量偏差超过±10%的要记录下来。使用剂量、施药次数、施药时间均按照协议及标签注明的进行，记录数据。试验处理要求在同一天的同样气候条件下进行。

(4) 农药的选择 本部分所使用的的农药皆为推荐药，不代表是最佳的药效选择，市场上各种病害防治的农药种类很多，新农药层出不穷，多了解用户的反馈意见，不熟悉的农药在使用前尽量安排预备试验。

(5) 调查、记录和测量方法 药剂防治马铃薯药效试验的调查、记录、测量方法是否准确，直接影响到田间药效试验的效果。相关项目包括气象资料、土壤资料、调查方法、时间、次数、对作物和其他生物的直接影响以及防效计算。其中，对作物的直接影响的观察记录尤为重要，记录内容包括是否有药害、药害类型和程度、是否存在有益影响。《农药田间药效试验准则》系列标准中明确给出了药害记录的方式方法和分级标准，对药剂的防效计算也列出了计算公式。

2. 马铃薯晚疫病的防治技术要求

(1) 马铃薯种薯选择的技术要求　马铃薯抗病性不同的品种对晚疫病抗病能力有很大影响，病害能否流行及流行程度，最先取决于品种抗病性的强弱。病害在易感病品种上发展快，病菌产生孢子数量大、传播快，容易流行成灾，造成巨大的经济损失。根据对马铃薯生产企业和马铃薯专业合作社的马铃薯晚疫病发生情况调查，抗病的马铃薯品种对晚疫病有一定的抵抗能力。马铃薯种植时应该因地制宜，种植马铃薯抗病或耐病品种，选择适应性广且符合我国马铃薯脱毒种薯质量标准和满足生产目的需求的脱毒种薯。精选马铃薯种薯在剔除病、劣、杂薯的基础上，选择已经通过休眠的并且生理状态比较好的、大小适中的、不带致病病菌和虫源的健康块茎作为马铃薯种薯。

种植马铃薯种薯的主要技术有2项：播种前，晾晒种薯5～7 d，去除感染马铃薯晚疫病的种薯，集中深埋；播种时，种薯用有效的杀菌剂干拌和湿拌（干拌：根据药剂推荐量加2.5～3 kg滑石粉或细灰与100 kg种薯混合均匀后拌种；湿拌：根据药剂推荐量兑水均匀地喷洒在马铃薯薯块上，播种前种薯要避光晾干）。

(2) 马铃薯生长期及收获储藏期晚疫病防治技术要求　马铃薯播种期、苗期、现蕾期、开花期、块茎膨大期、收获期、储藏期晚疫病防治的技术要求按照《马铃薯主要病虫害防治技术规程》（NY/T 2383）进行。晚疫病测报技术按《马铃薯晚疫病测报技术规范》（NY/T 1854）进行，在马铃薯生长期内必须进行晚疫病防治。

①马铃薯播种期晚疫病防治技术。马铃薯块茎种植后，如遇长期低温和连阴雨天气，马铃薯块茎极易腐烂。为了预防马铃薯病害的发生，可选择不同的药剂组合稀释后拌种来控制马铃薯晚疫病，代森锰锌可湿性粉剂拌种可防治马铃薯晚疫病。

②马铃薯的苗期至现蕾期晚疫病防治技术。西南多雨地区，在马铃薯晚疫病中心病株出现前，从苗高15～20 cm开始交替喷施保护性杀菌剂代森锰锌可湿性粉剂和双炔酰菌胺悬浮剂1～2次；若发现中心病株可喷施内吸性治疗剂霜脲·锰锌、噁唑菌酮。长期使用一种杀菌剂，马铃薯植株将会对此药剂产生抗药性，对马铃薯晚疫病起不到防治作用，以上药剂须交替使用，喷施次数为1～2次，7～10 d喷施1次。

③马铃薯的开花期至块茎膨大期晚疫病防治技术。马铃薯晚疫病几乎每年都发生，一般的地区不能进行马铃薯晚疫病的预测预报，经常出现盲目喷施防治马铃薯晚疫病药剂的现象。如果没有马铃薯晚疫病预测预报的条件，在马铃薯晚疫病中心病株没有出现之前，就要根据天气预报，在连阴雨天气来临之前，喷施代森锰锌可湿性粉剂和双炔酰菌胺悬浮剂等保护性杀菌剂，喷施保护剂的最佳时期是在植株封垄前 1 周或者在初花期喷药预防 1～2 次。如果发现了中心病株，为了防止马铃薯晚疫病菌迅速扩散，必须把中心病株连根挖除，种薯也要挖除，立即将感病的植株和种薯带出马铃薯田外挖坑深埋，并在病穴中撒上石灰用以消毒，同时用霜脲·锰锌、烯酰吗啉、氟吗啉、噁酮·霜脲氰、噁霜·锰锌等内吸性治疗剂喷施 3～5 次。用药的间隔期根据降雨情况和药剂持效期，每隔 5～7 d 施药 1 次。如果有预测预报条件的地区，根据病害预警进行提前防控，也就是说根据马铃薯晚疫病的测报结果来进行马铃薯晚疫病的防控。马铃薯晚疫病测报的技术要求按照《马铃薯晚疫病测报技术规范》（NY/T 1854）中的技术要求进行。

④马铃薯的收获期和储藏期晚疫病防治技术。马铃薯植株感染晚疫病后，晚疫病病菌的孢子易从马铃薯植株移动到马铃薯的块茎上。因此，要在收获前 7 d 喷施 20%敌草快水剂等干燥剂进行杀秧，促进马铃薯薯皮的老化，减少收获时的机械损伤，防治马铃薯晚疫病病原菌的侵染和扩散。

（3）马铃薯晚疫病测报技术 马铃薯晚疫病测报技术包括系统调查、大田普查、气象要素观测、预报方法、数据汇总和汇报 5 个部分。

①系统调查。调查田块选择种植早熟的感病马铃薯品种且生长旺盛的低洼潮湿地，调查田块数量为 3 块，每田块面积不小于 $2\times667\ m^2$。设立测报观测圃，要求同样是低洼湿地，面积不小于 $2\times667\ m^2$，圃内种植当地感病品种，其中带病种薯和健康种薯各 50%进行间行种植，同时观测圃地块四周要有隔离带或种植非茄科作物隔离。

调查时间从植株现蕾期或根据标蒙预测法预测中心病株出现日开始，每 3 d调查 1 次。

调查内容包括中心病株和病情动态 2 项调查，《马铃薯晚疫病测报技术规范》（NY/T 1854）中有详细调查表。

②大田普查。调查田块根据不同区域、不同品种、不同类型来选择，每种类型田块的调查数量为 5 块以上。

调查时间在气候条件适宜，中心病株出现后，立即进行。普查的间隔时间为 7 d 普查 1 次，连续调查次数不少于 3 次。

调查内容分为 2 种情况，当没有发现中心病株时，大田普查按照行踏查的方式进行，如果发现了中心病株，则按照平行跳跃式的方式进行。被普查田块的面积少于 667 m^2 则全田实查。如果被普查田块面积在 667 m^2 以上时，则取 10 个点进行调查（取样的方法同病情动态调查的取样方法），每个点调查的株数为 10 株，在这 10 个马铃薯植株中，调查病株数，并计算出被调查田块的病株数、病田率和平均病株率。把大田普查的结果记入马铃薯晚疫病普查表。

③气象要素观测。马铃薯生育期间，利用田间设置的气候观测设备，以小时为间隔记载气温（℃）、降水量（mm）、相对湿度（%），如有其他气象资料需要记录可加备注。

④预报方法。马铃薯晚疫病预测预报的准确性很重要，预测马铃薯晚疫病发生的时间越准，就越能准确及时地防治马铃薯晚疫病，而且减少了盲目地使用杀菌剂造成的经济损失。马铃薯晚疫病的测报方法包括发生期预报、发生程度和发生面积预报。

在《马铃薯晚疫病测报技术规范》（NY/T 1854）的附录 C 中，详细描述了马铃薯晚疫病测报的 6 种方法，分别是标蒙预测法、中心病株观测法、海尔（Hyre）氏预测法、瓦林（Wallin）氏预测法、晚疫病电算预测法、比利时 CARAH 模型预测法。在这 6 种马铃薯晚疫病预测预报方法中，标蒙预测法在我国各地使用后，发现测报日期与实际发病日期相差 20～40 d，这样的预测结果对生产的指导意义不大，目前已很少有人采用标蒙预测法；中心病株观测法和标蒙预测法相结合调查预测马铃薯晚疫病病害，可以提高预测的准确性，但是在马铃薯晚疫病实际的预测预报过程中需要投入较大的人力和时间，并且检查需要十分细致，这种马铃薯晚疫病预测预报方法不是理想的预测预报方法；海尔（Hyre）氏预测法和瓦林（Wallin）氏预测法 2 种预测预报的方法较难适应各地的不同情况，因此，这 2 种方法在生产上均没有得到推广和应用；在马铃薯晚疫病预测预报的应用中发现晚疫病电算预测法可以满足各地的具体条件，预测预报的结果及时准确，因此，避免了不必要的喷药次数，提高了药剂防治效果；比利时 CARAH 模型预测法通过在国内外的具体应用，发现该种方法可以预报马铃薯晚疫病发生的准确时间，能够提前通知马铃薯生产者进行药剂防治，消除了由马铃薯晚疫病造成的经济损失，减少了杀菌剂的施用量。综上所述，晚疫病电算预测法和比利时 CARAH 模型预测法在马铃薯晚疫病预测预报中效果较好。

在种植感病品种地区，气候条件是病害流行的决定性因素。如果气候条件满足了马铃薯晚疫病发病的气候条件，阴雨连绵或多雾、多露条件，晚疫病最易流行成灾。一般中心病株出现后仍保持日暖夜凉的高湿天气，病害也会很快蔓延至全田。因此，应根据当地田间病情动态调查、感病品种面积比率和气候条件适宜程度做出发生程度和发生面积的预报。

⑤数据汇总和汇报。在马铃薯晚疫病病情发生关键期、各项调查结束时，按统一汇报格式、时间和内容汇总监测信息，按照《马铃薯晚疫病测报技术规范》（NY/T 1854）中的要求统计。利用中国农作物有害生物监控信息系统及时传输病情数据。年底前，进行马铃薯晚疫病发生情况小结，并填写发生防治基本情况表，见《马铃薯晚疫病测报技术规范》（NY/T 1854）的附录 A)。

3. 马铃薯其他病虫害的防治技术要求

(1) 农业综合防治技术

①合理轮作。通过轮作的方式进行马铃薯晚疫病、早疫病、青枯病、黑胫病、黑痣病、干腐病、环腐病、疮痂病等病害的防治，轮作的年限需要 2 年以上，轮作的作物不能是茄科作物；冬作马铃薯可以实行水旱轮作。

②选择抗虫抗病品种。种植具有抗病能力的马铃薯品种，可以提高马铃薯的产量。因此，在种植马铃薯时应选择抗当地主要病虫害、抗逆性强、适应性广的优良马铃薯品种，并注意抗病品种布局的合理性。

③种植马铃薯脱毒种薯。脱毒种薯与普通的马铃薯相比具有一定的抵抗病虫害的能力。在生产上应该种植符合我国马铃薯脱毒种薯质量标准，并且能够满足生产需求的脱毒种薯。

④精选种薯。精选马铃薯种薯在剔除病、劣、杂薯的基础上，选择已经通过休眠的，生理状态比较好的，大小适中的，并且不带致病病菌和虫源的健康块茎作马铃薯种薯。

⑤切刀消毒。马铃薯晚疫病、黑胫病、环腐病、青枯病、干腐病可以通过切刀进行传染，在种薯切块时需要对切刀进行消毒，消毒溶液有 2 种，0.5％高锰酸钾溶液和 70％～75％的酒精，使用其中的 1 种消毒溶液即可；浸泡切刀消毒的时间为 5 min 以上；切刀切到感染马铃薯晚疫病、黑胫病、环腐病、青枯病、干腐病的病薯时要立即更换切刀。

⑥种薯消毒。近年来马铃薯的疮痂病日趋严重，严重影响了马铃薯的产量和品质，因此马铃薯疮痂病的防治尤为重要，播种前种薯可用 0.1％对苯二酚溶液浸种 15～30 min，或 0.2％甲醛溶液浸种 10～15 min，对疮痂病的防治效果明显。

⑦秋耕冬灌。利用秋季深耕的方法，可以将枯枝落叶等连同病菌和害虫一起翻入土壤下层，冬灌应争取在土壤封冻前完成，有效消灭越冬害虫，减少害虫越冬基数。

⑧储藏消毒。马铃薯收获后经过预储藏后要放入储藏窖保存，马铃薯种薯进入马铃薯储藏窖前窖内需要消毒。马铃薯储藏窖消毒可以利用硫黄粉熏蒸消毒，45％百菌清烟剂 2 $g \cdot m^{-3}$ 熏蒸消毒，石灰水喷洒消毒。

（2）各类病虫害的理化防治技术

①黑胫病、青枯病和环腐病。拔除萎蔫、叶面病斑较多、黄化死亡的植株，挖出遗留于土壤中的块茎，并在遗留病穴处施用硫酸链霉素，及时销毁带病的植株和块茎。

②疮痂病。马铃薯疮痂病易发生在碱性土壤中，可以通过增施绿肥或增施酸性物质（如施用硫黄粉等）的方式，改善土壤酸碱度，增加有益微生物，减轻马铃薯疮痂病的发生。秋作马铃薯避免施用石灰或用草木灰等拌种，在生长期间常浇水，保持土壤湿度，防止干旱。

③早疫病。田间马铃薯底部叶片刚出现早疫病病斑时开始施药，交替喷施代森锰锌、嘧菌酯、苯甲·嘧菌酯和丙森锌等药剂 3～5 次，施药间隔期 7～10 d。

④蚜虫和斑潜蝇。通过插挂 15 张·hm^{-2}黄板监测蚜虫和斑潜蝇，并根据害虫群体数量适量增加黄板数量。在发生期喷施苦参碱、吡虫啉、啶虫脒、抗蚜威、溴氰菊酯、氰戊菊酯、噻虫嗪等药剂 2～3 次，对薯田蚜虫进行防治，并预防病毒病，重点喷植株叶背面，施药间隔期 7～10 d。在幼虫 2 龄前交替喷施阿维菌素、灭蝇胺等药剂 4～5 次，施药间隔期 4～6 d。

⑤二十八星瓢虫和豆芫菁。人工网捕成虫，摘除卵块。在幼虫分散前交替喷施阿维菌素、氟氯氰菊酯、敌百虫、溴氰菊酯等药剂 2～3 次，重点喷叶背面，施药间隔期 7～10 d。喷药时间以 11：00 之前和 17：00 之后为佳。

⑥地下害虫。悬挂白炽灯、高压汞灯、黑光灯、频振灯等杀虫灯诱杀蛴螬、蝼蛄、地老虎等地下害虫。灯高 1.5 m，每盏灯控制面积 2～4 hm^2，根据虫害情况适时增加杀虫灯的数量。当地下害虫危害严重时，可开展局部防治和全田普防，用辛硫磷乳油兑水灌根 2 次，施药间隔期 7～10 d。

⑦甲虫。非疫区马铃薯生产也要严密监测马铃薯甲虫的发生，一旦进入主产区，其危害巨大。

（3）主要病虫害防控药剂推荐　在马铃薯生产中可以利用表 6－2 中的药剂进行马铃薯病虫害的防治。

表 6－2　马铃薯主要病虫害防控药剂推荐表

病虫害	推荐药剂		施用方法	作用方式
	通用名	剂型		
晚疫病	嘧菌酯	悬浮剂	封垄后喷雾	保护、内吸治疗
	丙森锌	可湿性粉剂	喷雾	保护
	代森锰锌	可湿性粉剂	喷雾	保护

（续）

病虫害	推荐药剂		施用方法	作用方式
	通用名	剂型		
晚疫病	霜脲·锰锌	可湿性粉剂	喷雾	保护、内吸治疗
	双炔酰菌胺	悬浮剂	喷雾	保护、内吸治疗
	氟吡菌胺·霜霉威	悬浮剂	喷雾	内吸治疗
	精甲双灵·锰锌	水分散粒剂	喷雾	保护、内吸治疗
	烯酰吗啉	可湿性粉剂	喷雾	内吸治疗
	霜霉威	水剂	喷雾	内吸治疗
	氟吗啉	可湿性粉剂	喷雾	保护、内吸治疗
	氰霜唑	悬浮剂	喷雾	保护、内吸治疗
早疫病	代森锰锌	可湿性粉剂	喷雾	保护
	嘧菌酯	悬浮剂	封垄后喷雾	保护、内吸治疗
	丙森锌	可湿性粉剂	喷雾	保护
	苯醚甲环唑	水分散粒剂	喷雾	内吸治疗
	肟菌·戊唑醇	水分散粒剂	喷雾	保护、内吸治疗
黑痣病	嘧菌酯	悬浮剂	垄沟喷雾	保护、内吸治疗
环腐病 黑胫病 青枯病	硫酸链霉素	水溶剂	拌种	内吸治疗
干腐病	甲基硫菌灵	可湿性粉剂	拌种	内吸治疗
蚜虫 斑潜蝇	吡虫啉	可湿性粉剂	喷雾	内吸
	噻虫嗪	水分散粒剂	喷雾	内吸
	啶虫脒	乳油	喷雾	内吸
地下害虫	噻虫嗪	可湿性粉剂	拌种	内吸
	辛硫磷	乳油，颗粒剂	垄沟喷雾，垄沟撒施	触杀、胃毒
二十八星瓢虫 豆芫菁	氯氰菊酯	乳油	喷雾	触杀、胃毒
	氟氯氰菊酯	乳油	喷雾	触杀、胃毒

第七章

马铃薯病虫害检测技术

一、概述

马铃薯是营养繁殖植物，植株和块茎都易感病，侵染马铃薯的病虫害有几十种，主要包括细菌、病毒、类病毒、真菌、甲虫和线虫等。这些病虫害可以随种薯传播，其中，侵染性病害还可以通过种苗传播，造成病害大面积扩散，严重影响马铃薯的产量和质量。病虫害一般可造成马铃薯减产 10%～30%，严重情况下减产可达 70%以上，是马铃薯产业发展的瓶颈之一。因此，在生产中马铃薯病虫害检测极为重要，通过检测可以及时发现并确认病虫害信息，有利于其有效防控，可以防止大面积扩散，降低产量和质量损失。

近年来，马铃薯病虫害检测技术标准陆续制定、修订（表 7-1）。虽然马铃薯病虫害检测技术标准逐步健全，但仍需要继续补充。其中病毒方面包括马铃薯奥古巴花叶病毒和马铃薯 T 病毒等检测标准；真菌方面包括粉痂病、晚疫病、核菌病、黄萎病和镰刀菌等检测标准；细菌方面包括黑胫病和疮痂病等检测标准；金线虫和白线虫只有形态学鉴定，很难全面开展，急需建立分子生物学检测标准。生产中每一种马铃薯病虫害的确定，都需要检测技术标准的支持。因此，以科学、技术和实践经验综合成果为基础的技术标准极为重要和必要。

表 7-1　马铃薯病虫害检测技术标准

分类	序号	标准名称	标准号
类病毒	1	马铃薯纺锤块茎类病毒检疫鉴定方法	GB/T 31790
	2	马铃薯纺锤块茎类病毒检测　核酸斑点杂交法	NY/T 2744
	3	马铃薯纺锤块茎类病毒检测	NY/T 1962
细菌病害	4	马铃薯环腐病菌检疫鉴定方法	GB/T 28978
	5	马铃薯种薯产地检疫规程	GB 7331
	6	马铃薯青枯病菌检疫鉴定方法	SN/T 1135.9

（续）

分类	序号	标准名称	标准号
细菌病害	7	马铃薯丛枝植原体检疫鉴定方法	SN/T 2482
病毒病	8	马铃薯 V 病毒检疫鉴定方法	GB/T 31806
	9	马铃薯 A 病毒检疫鉴定方法 纳米颗粒增敏胶体金免疫层析法	GB/T 28974
	10	马铃薯 A 病毒检疫鉴定方法	SN/T 1135.7
	11	马铃薯黄矮病毒分子生物学检测方法	GB/T 36812
	12	马铃薯黄化矮缩病毒检疫鉴定方法	SN/T 1135.2
	13	马铃薯 X 病毒检疫鉴定方法	GB/T 36833
	14	马铃薯帚顶病毒检疫鉴定方法	SN/T 1135.3
	15	马铃薯 M 病毒检疫鉴定方法	GB/T 36846
	16	马铃薯 Y 病毒检疫鉴定方法	GB/T 36816
	17	脱毒马铃薯种薯（苗）病毒检测技术规程	NY/T 401
	18	马铃薯 6 种病毒的检测 RT-PCR 法	NY/T 2678
	19	马铃薯卷叶病毒检疫鉴定方法	SN/T 2627
真菌病害	20	马铃薯银屑病菌检疫鉴定方法	GB/T 28093
	21	马铃薯皮斑病菌检疫鉴定方法	SN/T 1135.11
	22	马铃薯炭疽病菌检疫鉴定方法	SN/T 2729
	23	马铃薯坏疽病菌检疫鉴定方法	SN/T 1135.8
	24	马铃薯绯腐病菌检疫鉴定方法	SN/T 1135.6
	25	马铃薯黑粉病菌检疫鉴定方法	SN/T 1135.4
	26	马铃薯癌肿病检疫鉴定方法	SN/T 1135.1
虫害	27	马铃薯甲虫疫情监测规程	GB/T 23620
	28	植物检疫　马铃薯甲虫检疫鉴定方法	SN/T 1178
	29	马铃薯线角木虱检疫鉴定方法	GB/T 36842
	30	马铃薯白线虫检疫鉴定方法	SN/T 1723.1
	31	马铃薯金线虫检疫鉴定方法	SN/T 1723.2
	32	腐烂茎线虫检疫鉴定方法	GB/T 29577

二、标准应用情况

从检测病虫害种类看，可检测病虫害包括类病毒的马铃薯纺锤块茎类病毒；细菌性病害青枯病、环腐病和丛枝植原体；病毒病有马铃薯卷叶病毒、马铃薯X病毒、马铃薯Y病毒、马铃薯A病毒、马铃薯M病毒、马铃薯V病毒、马铃薯帚顶病毒和马铃薯黄化矮缩病毒；真菌病害包括马铃薯晚疫病、马铃薯银屑病、马铃薯黑粉病、马铃薯坏疽病、马铃薯绯腐病、马铃薯炭疽病、马铃薯皮斑病和马铃薯癌肿病；虫害包括马铃薯甲虫、马铃薯线角木虱、腐烂茎线虫、马铃薯白线虫和马铃薯金线虫。标准分别规定了相应病害的检测方法，适用于马铃薯各类病害的检疫和鉴定。

三、基础知识

（1）双抗体夹心酶联免疫吸附测定　在固相支持物上（酶联板）包被细菌特异性抗体，加入待测样品后，再用酶标记的细菌抗体进行免疫识别，最后通过酶促化学反应检测细菌是否存在的一种血清学检测法。

（2）PCR　以耐热DNA聚合酶和一对引物（与待测目标核酸分子序列同源的DNA片段）通过高温（DNA分子变性）和低温（引物和目标核酸分子复性并被耐热DNA聚合酶延伸）交替循环扩增待测目标核酸分子的方法。

（3）病毒鉴定　通过测定未知病毒的生物学、血清学、形态学等特征，与已知的病毒特征进行比较，确定是否为已知病毒的过程。

（4）病毒介体　在植物上吸食或造成微伤，引起病毒自然传播扩散的昆虫、螨、线虫、真菌等生物。

（5）标准毒株　用于病毒定性和鉴定的参考毒株。

（6）鉴别寄主　接种后能产生快而稳定的特征性症状，用来鉴别病毒及其株系的植物。

（7）生物测定　通过接种试验，确定病毒的传染性方式、寄主反应、寄主范围、致病力的过程。

（8）血清学测定　用已知的植物病毒的抗血清，通过适当的方法，对未知的植物病毒进行原抗体反应测定的过程。

（9）孢子球　许多孢子紧密地集结成一团。

（10）孢子　真菌的繁殖体，包括从营养体直接产生的无性孢子和经过性结合和核相变化后产生的有性孢子，单细胞至多细胞以及多种形态，是真菌分类的主要依据。

（11）分生孢子盘　由基质表面突起的盘状菌丝块生出密集的短分生孢子梗的结构，分生包子梗之间常生有刚毛。

（12）刚毛　一种较坚硬的毛状物，常壁厚，且颜色较暗。

（13）菌核　菌核是由菌丝紧密交织而成的休眠体，内层是疏丝组织，外层是拟薄壁组织，表皮细胞壁厚、色深、较坚硬。菌核的功能主要是抵抗不良环境。但当条件适宜时，菌核能萌发产生新的营养菌丝或从上面形成新的繁殖体。

（14）附着孢 植物病原真菌孢子萌发形成的芽管或菌丝顶端的膨大部分，可以牢固地附着在寄主体表面，其下方产生侵入钉穿透寄主角质层和表层细胞壁。

（15）癌肿 癌肿病典型症状，花椰菜形，产生在块茎芽眼部位，初期白浅色，后为深褐色。此外，在芽眼部位还可以形成“棒状”“掌状”等膨大畸形组织。

（16）泡突 产生于休眠芽、幼芽表面。单个透明，隆起小泡，大小为0.5 mm左右。

（17）莲花座 产生于休眠芽、幼芽及癌肿组织表皮，形成莲花，其组织切片呈现为大型薄壁细胞组成的环状组织。其中央含夏孢子囊（堆）或休眠孢子囊。

（18）始细胞 被侵染细胞周围的毗邻细胞呈辐射状的增生，中心被侵染细胞内的菌体为始细胞。

（19）原孢堆 由始细胞逐渐扩大并充满寄主细胞而成，有孢壁。

（20）泡囊 产生于原孢堆外壁上方，原孢堆细胞质和孢核通过外壁小孔排到新薄囊泡内。

（21）夏孢子囊堆 由薄囊泡发育而成，呈卵形、扁平或近球形，薄壁，直径（47～72）μm ×（81～100）μm［有资料报道为（40.3 ～77）μm×（31.4～64.4）μm］。

（22）夏孢子囊 由夏孢子囊堆的内含物发育而成，多角形、卵形或近球形。

（23）休眠孢子囊 单个产生于癌组织表层细胞内，卵形、长圆形或角形，锈褐色，直径25 ～75 μm。壁厚，分3层，其内壁薄，无色。中壁光滑，金褐色，壁厚。外壁厚薄不均，有皱纹（不规则脊突）。成熟休眠孢子囊内含数百个游动孢子。

（24）风险区 靠近马铃薯甲虫发生区边缘的未发生区。

（25）定点调查 由官方组织确定一个地区有无马铃薯甲虫的发生、发生程度和危害情况。

（26）寄主植物 在自然条件下，马铃薯甲虫能在其上取食和繁殖的植物。

四、病虫害检测技术要点

1. 马铃薯病害检测方法 从检测方法看，马铃薯病害检测最初只是基于生物学性状，根据植株的症状推测病害种类，随着科学技术的发展，形成了系统的病原菌分离培养、电子显微、血清学和分子生物学等鉴定技术。近年来，随着分子生物学的快速发展，在生命科学领域产生了许多新的研究热点和研究技术，PCR 就是其中之一。由 PCR 又衍生出更为先进的技术，如环介导等温扩增检测（LAMP）、限制性片段长度多态性标记（RFLP）、随机扩增多态性 DNA 标记（RAPD）、简单重复序列标记（SSR）等，以及更灵敏的高通量实时荧光定量（Real-time PCR）和更为便捷的基因芯片等技术都已应用于植物病害的病原检测和诊断中，病害检测技术的种类、准确性和灵敏度得到了大幅度的提高，这些技术已广泛应用于马铃薯病害的检测。

目前，马铃薯病害检测最常用的技术有生物学检测法、电镜检测技术、血清学检测方法和分子生物学检测方法。

（1）生物学检测法　生物学检测法是最直观的一种检测技术，属于最基本的检查方法，根据植物症状进行病害诊断，适用于所有类型的病害。

①病原菌培养检测。按培养基的用途分为富集培养基、选择性培养基和鉴别培养基，通过合适的培养基培养病原微生物是真菌和细菌的常规检测技术。但需要选择合适的培养基，才可以提高检测的灵敏性和准确度。例如，大多数真菌病害在病部产生病症，或稍加保湿培养即可产生子实体，但要区分这些子实体是真正病原真菌的子实体，还是次生或腐生真菌的子实体，以及特异性较强的细菌培养，都需要选择合适的培养基。

②革兰氏染色法。该方法是细菌鉴定最重要和广泛应用的辅助手段，根据此法染色结果可将细菌分成 2 类：革兰氏阳性菌和革兰氏阴性菌。革兰氏染色的原理主要是利用 2 类细菌的细胞壁成分和结构不同进行检测。革兰氏阴性菌使初染后的结晶紫和碘的复合物易于渗出细胞壁，使细胞被脱色，经复染后，又染上复染液的颜色，而革兰氏阳性菌细胞仍保留初染时的颜色。

③传统生物学检测技术。该方法检测病毒直观、容易操作、成本低，除检测病毒外，还可以在形态学上提供病毒毒理指标，详见表 7－2。但是，生物学检测技术鉴定周期长，需要特定的指示植物和温室，同时需要严格控制环境条件，不能适应生产上快速检测的需要。

表 7－2　马铃薯病毒的鉴别寄主及症状

马铃薯病毒	接种方式	指示植物	症　状
PVX	摩擦	毛曼陀罗	汁液摩擦接种，在 20℃条件下，接种 10 d 后叶出现局部病斑
		千日红	汁液摩擦接种 5～7 d，在接种叶片出现紫红环枯斑
		白花刺果曼陀罗	接种后 10 d 心叶出现花叶症状
		指尖椒	接种 10～12 d，接种叶片出现坏死斑点，以后系统发病

（续）

马铃薯病毒	接种方式	指示植物	症　状
PVY	摩擦桃蚜	普通烟草	汁液接种 7～10 d，感病初期叶片明脉，后期是沿脉绿状
		洋酸浆	汁液摩擦接种后，在 16～18℃条件下，经 10～15 d，在接种叶片上出现黄褐色不规则的枯斑，以后落叶
		枸杞	接种 10 d 左右，接种叶片产生模糊不清的褐色局部病斑
		A6	24℃、1 000 lx 光照下接种 5～10 d，接种叶片出现褐色球状坏死枯斑。初浸染时呈绿色圆环斑，逐渐坏死
PVS	摩擦	千日红	汁液摩擦接种 14～25 d，接种叶片出现红色小斑点，略微凸出的圆环小斑点
		苋色藜	接种 20～25 d，叶片出现局部黄色斑点
		德伯尼烟	初期明脉以后是暗绿块斑花叶
PLRV	桃蚜	洋酸浆	蚜虫接种，温度 24℃条件下，接种 6～8 d 开始出现系统卷叶失绿、生长受限
		白花刺果曼陀罗	蚜虫接种后，系统卷叶
PVM	摩擦	千日红	接种 15～20 d，接种叶片沿叶脉周围出现紫红色斑点
		毛曼陀罗	接种 10 d 后，接种叶片出现失绿小圆斑至褐色枯斑，以后系统发病
		德伯尼烟	接种 10 d 后，接种叶片出现局部病斑

（2）电镜检测技术　电子显微镜是 20 世纪最重要的发明之一，其特有的高分辨率特性，在马铃薯病害检测、超微结构及形态观察中发挥了重要作用。目前，常用的有透射电子显微镜、扫描电子显微镜、环境扫描电子显微镜、扫描隧道显微镜及原子力显微镜等新型电子显微镜。用电子显微镜不仅可以看到病原微生物侵染植物的过程，还可以直接观察到对细胞结构和细胞器的破坏，微小的病毒粒体也可以在高倍电镜下清晰地被看到。

（3）血清学检测方法　20 世纪 30 年代后，血清学被用于病毒的检测。1971 年，瑞典学者 Engvall 和 Perlmann 以及荷兰学者 Van Weemen 和 Schuurs 分别报道了酶联免疫吸附剂测定技术（ELISA），将免疫技术发展为测定液体标本中微量物质的方法。但是 20 世纪 90 年代后，酶标技术和单克隆抗体的出现才使得该方法在灵敏度和专一性方面取得了重要的进步。血清学检测方法是病毒诊断和鉴定的基础方法，其基本原理是抗体与抗原之间的专化性结合。用于植物病毒检测的血清学检测方法主要包括酶联免疫吸附法、斑点免疫结合测定法、免疫扩散、免疫电泳、荧光免疫等。目前，应用最为广泛的是酶联免疫吸附法、斑点免疫结合测定法。此外，免疫胶体金技术近几年来发展迅速，并且在病毒检测方面的应用越来越广。血清学检测方法以病毒的外壳蛋白为检测基础，广谱性强，操作简单，易学易用，在马铃薯病害检测中，最常用的是双抗体夹心酶联免疫吸附法（DAS－ELISA）。

（4）分子生物学检测方法

①PCR 技术。基本原理是利用基因体外复制，通过变性、退火、延伸等步骤，将待测目的基因扩增放大几百万倍，通过电泳能清晰地检测到样品中是否存在目的片段，即检测样品中是否存在待测病害。由于 PCR 能够特异性扩增某一 DNA 片段，因此，在病原微生物的检测上，它比传统方法有优势。对于那些用常规方法研究较困难的植物病害，如类病毒、专性寄生病原菌的检测，PCR 技术的应用就更能显示出其优越性。由 PCR 衍生出很多检测方法，如 RT－PCR、免疫捕获 RT－PCR、巢式 PCR、多重 RT－PCR、实时荧光 PCR 等。

②核酸杂交检测技术。原理是互补的核酸单链可以相互结合，如果将一段核酸单链加以标记，制成探针与互补的待测病原杂交，带有植物病原探针的杂交核酸就能够指示出病原的存在。核酸杂交检测技术在马铃薯类病毒检测上发挥了重要作用，该技术灵敏度高，操作简便，是目前类病毒检测主要采用的检测技术。

③免疫荧光检测技术。该技术是以荧光物质标记的特异性抗体或抗原作为标准试剂，用于相应抗原或抗体的分析鉴定和定量测定，包括荧光抗体染色技术和免疫荧光测定 2 类。荧光抗体染色技术是用荧光抗体对细胞、组织切片或其他标本中的抗原或抗体进行鉴定和定位检测，可在荧光显微镜下直接观察结果，称为免疫荧光显微镜技术，或是应用流式细胞仪进行自动分析检测，称为流式免疫荧光技术。目前免疫荧光检测方法主要在马铃薯细菌性病害检测中应用广泛。

④基因芯片技术。随着基因芯片技术的完善，出现了多种芯片技术，有基于 PCR 基础的，也有基于 Real time-PCR 基础的。该方法检测通量大，一次性可以检测多种病害，样品量少、快速、灵敏、方便等优点突出。但在稳定性等方面还需提高。

总之，随着科学技术的发展，植物病害的检测手段越来越多，检测也越来越快速准确，但并不代表先前的检测手段（如生物学检测法）就没有了应用的价值。我们应根据生产工作的实际条件及检测样品的特点，选择合适的检测方法。植物病害的检测技术正在向着快速、高敏感性、高特异性和高通量并行性及自动化的方向发展。

2. 马铃薯病虫害的判定标准

(1) 类病毒的判定 马铃薯类病毒是国家检疫性病害，《马铃薯纺锤块茎类病毒检疫鉴定方法》（GB/T 31790）中规定的检测方法包括生物学检测法、R-PAGE法、RT-PCR方法和实时荧光RT-PCR方法。标准中规定生物学症状明显的样品，通过标准中的方法之一检测为阳性，即可判定为样品携带PSTVd；如果没有生物学症状，则需要通过不同原理的2种方法进行检测，都为阳性的样品，判定样品携带PSTVd。从检疫角度出发，标准中规定的结果判定方法符合国际检疫性病害判定方法，结果严谨准确。《马铃薯纺锤块茎类病毒检测》（NY/T 1962）中规定了采用R-PAGE和RT-PCR方法进行检测的具体流程，结果规定其中1种方法检测结果为阳性，即判定样品中含有PSTVd。《马铃薯纺锤块茎类病毒检测 核酸斑点杂交法》（NY/T 2744），采用核酸探针的方法进行检测，结果出现蓝紫色斑点的样品为阳性样品。

(2) 细菌病害的判定 目前，马铃薯细菌病害的标准主要涉及马铃薯的环腐病、青枯病和植原体病害。

①《马铃薯环腐病菌检疫鉴定方法》（GB/T 28978）是由检疫部门提出申请完成的，其中2007版检疫行业标准中规定检测方法为血清学方法和PCR方法，结果判定需要2种方法检测都为阳性，才能判定样品含有环腐病菌。但是，目前用于血清学检测的试剂不易购买，因此，该标准只能采用PCR方法进行检测。而2012版中规定了生物学检测、BIOLOG鉴定、DAS-ELISA检测、分子生物学检测和致病性测定检测方法，结果判定为当BIOLOG鉴定或DAS-ELISA检测或分子生物学检测（PCR方法或实时荧光PCR方法），其中2种基于不同原理的方法检测结果为阳性且致病性测定为阳性时，判定为含马铃薯环腐病菌。当DAS-ELISA检测或分子生物学检测（PCR方法或实时荧光PCR方法）初筛检测结果为阴性，或只有其中1种检测方法结果为阳性时，判定为不含马铃薯环腐病菌。该标准方法比较全面，不仅需要实验室检测鉴定，还需要进行致病性鉴定，结果判定科学合理，检测结果严谨准确，符合检疫性病害国家判定方法，但该标准规定的方法实验周期较长，多数实验室达不到结果判定方法的要求。

另外，在《马铃薯种薯产地检疫规程》（GB 7331）中也有规定，可以使用革兰氏染色的方法鉴定，结果通过染色、显微镜观察，呈蓝紫色的单个或2～4个聚集的短杆状菌体为革兰氏阳性菌，为环腐病菌，染成粉红色的即可以排除环腐病菌，判定为革兰氏阴性反应。该方法容易操作，实验条件容易达到要求，但检测灵敏度较低。我国环腐病在部分地区也有发生，建议选择灵敏度较高的PCR方法进行检测。如果实验条件不能满足，可以选择革兰氏染色进行初筛，检出阳性后再运用其他方法进行检测，保证结果准确。

②《马铃薯青枯病菌检疫鉴定方法》（SN/T 1135.9）规定了生理生化反应测试、生物型区分、选择性培养基、血清学检测、PCR 方法和实时荧光 PCR 方法，血清学检测或 PCR 检测为阳性，即判定样品含有青枯病菌。在青枯病检测上，血清检测试剂盒市场上不易购买，同时考虑到灵敏度等因素，建议采用 PCR 方法进行检测和判定结果。目前，对产业影响较大的马铃薯黑胫病还没有标准支持检测工作。

③《马铃薯丛枝植原体检疫鉴定方法》（SN/T 2482）规定了使用巢式 PCR 法检测植原体，在阳性对照有目标条带，而阴性对照及空白对照没有条带时，第二轮 PCR 产物 1 251 bp 处有条带出现，且序列 RFLP 图谱分析结果与马铃薯丛枝植原体标准图谱一致，即判定样品带有马铃薯丛枝植原体，反之则判定为无。

（3）病毒病的判定　现行马铃薯病毒病检测技术标准涉及马铃薯卷叶病毒、马铃薯 X 病毒、马铃薯 Y 病毒、马铃薯 A 病毒、马铃薯 M 病毒、马铃薯 S 病毒、马铃薯 V 病毒、马铃薯帚顶病毒和马铃薯黄化矮缩病毒。

①《脱毒马铃薯种薯（苗）病毒检测技术规程》（NY/T 401）中规定了 PVX、PVY、PVS 和 PLRV、PSTVd 5 种病毒的血清学检测方法。结果判定：检测样品 OD_{405}/阴性对照 $OD_{405} \geqslant 2$ 时样品为阳性。该方法适用于大田样品检测。具有一次性检测样品量大、操作简单、实验条件要求低等特点，但在试管苗检测时，由于 DAS－ELISA 检测灵敏度和试管苗本身浓度低的原因，可能会出现漏检。

②《马铃薯 V 病毒检疫鉴定方法》（GB/T 31806）规定了 DAS－ELISA 方法、RT－PCR 方法、实时荧光 RT－PCR 方法和生物学检测方法。结果判定规定为除生物学方法外，检测的样品为阴性样品时判定样品中不含马铃薯 V 病毒（PVV）病毒；样品经 DAS－ELISA 检测为阳性，分子生物学检测也为阳性的样品即可判定样品含 PVV 病毒。必要时还需要采用免疫电子显微镜观察方法或生物学测定方法进行辅助鉴定。

③《马铃薯 A 病毒检疫鉴定方法》（SN/T 1135.7）中规定了生物学检测、DAS－ELISA 检测和 RT－PCR 检测方法，并且规定当 DAS－ELISA 检测结果为阳性时，需要生物学检测或是 RT－PCR 检测结果亦为阳性，才能判定为样品含有 PVA 病毒。《马铃薯 A 病毒检疫鉴定方法　纳米颗粒增敏胶体金免疫层析法》（GB/T 28974）中规定采用免疫胶体金的方法进行检测，在结果判定上同样需要生物学检测或 RT－PCR 检测结果亦为阳性，才能判定为样品含有 PVA 病毒。

④《马铃薯黄化矮缩病毒检疫鉴定方法》（SN/T 1135.2）规定了关于生物学检测、血清学检测和电镜检测的方法，结果判定植株或薯块具有典型症

状、病毒粒子典型形态、生物测定鉴别寄主典型症状和血清学检测为阳性的样品，判定样品含有马铃薯黄化矮缩病毒（黄矮病毒，PYDV）。该标准在结果判定上要求较为严格，一般实验室很难同时满足条件，因此，在实际检测操作中一般可以采用血清学方法检测判定结果，如需确定则需送检疫部门测定。《马铃薯黄矮病毒分子生物学检测方法》（GB/T 36812）中规定了普通 PCR 和实时荧光 PCR 2 种方法，任何 1 种方法检测结果为阳性都可以判定为阳性样品，PCR 样品测序也可以进行样品判定。该方法实施比较方便，推荐采用该标准。

⑤《马铃薯帚顶病毒检疫鉴定方法》（SN/T 1135.3）规定了生物学检测、血清学检测、电子显微镜技术和分子生物学检测的相关方法。结果判定为薯块和病株样品症状具有典型的病害症状，血清学检测结果为阳性，RT－PCR 检测结果为阳性，生物学检测鉴别寄主产生典型症状的样品，即可以判定含有马铃薯帚顶病毒。

⑥《马铃薯 M 病毒检疫鉴定方法》（GB/T 36846）规定 DAS－ELISA 和 RT－PCR 检测方法，结果判定规定为 DAS－ELISA 或 RT－PCR 检测为阴性的，样品中不含 PVM；DAS－ELISA 检测为阳性或疑似阳性的样品，需经 RT－PCR 检测为阳性，且测序结果为目的片段的样品判定为含有 PVM。

⑦《马铃薯 Y 病毒检疫鉴定方法》（GB/T 36816）增加了焦磷酸测序法鉴别株系群的方法。结果判定为，无可疑症状的样品，通过血清学检测或分子生物学检测任意 1 项检测结果为阴性的，则判定样品不带 PVY；有可疑症状样品，通过血清学检测和分子生物学检测中各 1 项检测后，结果为阴性，则判定样品中不带 PVY；免疫学原理的 1 种、分子生物学原理的 1 种和免疫电镜方法中任意 2 种方法检测为阳性时，则样品含有 PVY；免疫学原理或分子生物学原理中任意 1 种检测为阳性，并通过生物学检测表现为叶脉坏死的阳性样品，则判定是含有 PVY 的 N 株系群。除此之外，《马铃薯 Y 病毒检疫鉴定方法》（GB/T 36816）还规定焦磷酸测序法中 2 个测序引物的测序结果都符合的，则判定样品带有 PVY 并属于 N 株系群；只有 1 个符合的，若经鉴别寄主检测在烟草上产生叶脉坏死症状，亦判定样品带有 PVY 并属于 N 株系群。标准中的检测方法比较全面，但结果判定较为复杂，通常情况下非检疫性病害，应用除生物学方法外的 1 种检测技术即可判定结果。

⑧《马铃薯 6 种病毒的检测　RT－PCR 法》（NY/T 2678）规定了 PVY、PVA、PVX、PVM、PVS 和 PLRV 6 种病毒单重和多重 RT－PCR 检测程序，该标准应用通用反应程序，增加或减少检测病毒种类时仅需要调整引物和水的体积即可，简单方便，通量大，灵敏度高，适合检测试管苗和薯块样品。结果判定为电泳出现目的片段，即可判定为阳性样品。

⑨《马铃薯卷叶病毒检疫鉴定方法》（SN/T 2627）规定 DAS-ELISA 和 RT-PCR 检测方法，有 1 种方法检测结果为阳性即可判定为样品含有卷叶病毒。

⑩《马铃薯 X 病毒检疫鉴定方法》（GB/T 36833）规定 DAS-ELISA 检测、RT-PCR 检测、实时荧光 RT-PCR 检测、RT-LAMP 检测、免疫层析试纸条检测和 dot-ELISA 检测方法。结果判定为，无可疑症状的样品，通过血清学检测或分子生物学检测中任意 1 项检测结果为阴性的，则判定样品不带 PVX；有可疑症状样品，通过血清学检测或分子生物学检测方法中任意 2 项检测结果为阴性时，则判定样品中不带 PVX。应用免疫学原理的 1 种和分子生物学原理的 1 种，任意 2 种方法检测为阳性时，则判定样品含有 PVX。检疫性病害标准结果判定较为严谨，因此结果判定程序比较复杂。

马铃薯病毒检测标准中都涉及血清学方法，即 DAS-ELISA 法，目前该方法得到广泛的应用，具有操作简单、检测通量大等特点。因此，建议在实际检测工作中，大田样品采用 DAS-ELISA 方法检测；检测试管苗样品时，如果出现临界值样品，需要启动 RT-PCR 验证。分子生物学方法具有一次性检测病害种类多、灵敏度高的特点，适合检测试管苗样品和块茎样品，以及验证 DAS-ELISA 检测的临界值样品。免疫胶体金检测方法适合大田样品现场检测，但试纸条价格较高，目前不能实现大面积应用。实验室大多不具备电镜检测法的设备条件，而且在检测时极易漏检。生物学方法周期长，需要温室等隔离条件，实际操作性不强。建议在日常检测工作中可以采用 DAS-ELISA 和 RT-PCR 检测方法判定检测结果。

（4）真菌病害的判定　马铃薯真菌性病害是一种侵染性病害，能相互传染，有侵染过程，病原物一般都是寄生真菌。真菌性病害的种类很多，在我国广泛分布，不仅在田间产生危害，还由于其具有潜伏侵染特性，危害薯块，可使产量降低，失去商品价值，损失较大。我国现行的国家标准和行业标准主要涉及马铃薯银屑病、皮斑病、炭疽病、坏疽病、绯腐病、黑粉病和癌肿病。

①《马铃薯银屑病菌检疫鉴定方法》（GB/T 28093）规定银屑病采用生物学方法检测，结果判定为生物学症状、生物学特性和转化培养均表现出病原菌典型特征的，判定为阳性样品。

②《马铃薯皮斑病菌检疫鉴定方法》（SN/T 1135.11）规定采用生物学检测、PCR 检测和序列比对方法检验，结果判定要求样品具有典型的病原菌形态特征，并经过 PCR 检测或测序比对检测为阳性的样品，判定为样品含有马铃薯皮斑病菌。

③《马铃薯炭疽病菌检疫鉴定方法》（SN/T 2729）规定采用生物学检测和 PCR 检测方法检验，结果判定要求样品具有典型的病害症状和病原菌形态、

培养特征，即判定为阳性样品。培养后获得的样品经过 PCR 检测，得到目的片段的样品也判定为阳性样品。

④《马铃薯坏疽病菌检疫鉴定方法》（SN/T 1135.8）中规定采用生物学症状、形态学观察和 PCR 方法检验，结果判定需要同时满足生物学症状、病原菌形态和分子生物学特征，结果才能够判定为阳性。

⑤《马铃薯绯腐病菌检疫鉴定方法》（SN/T 1135.6）规定采用生物学测定方法进行检验，结果判定要求样品具有典型的病害症状和病原菌形态、培养特征，即判定为阳性样品。

⑥《马铃薯黑粉病菌检疫鉴定方法》（SN/T 1135.4）规定黑粉病采用生物学测定方法进行检验，结果判定要求样品具有典型的病害症状和病原菌特征，即判定为阳性样品。

⑦《马铃薯癌肿病检疫鉴定方法》（SN/T 1135.1）和《马铃薯种薯产地检疫规程》（GB 7331）都规定了采用镜检的方式进行检测，检疫行业标准中还规定了病害引起的生物学症状判定方法。

马铃薯真菌病害相对容易识别，发病症状典型，所以检测中多以典型的病害症状及真菌的生物学特征进行检测和结果判定。在特殊条件下，有些病害也可能潜隐在样品中，不容易直接目测判断，造成漏检，因此，也需要进一步完善 PCR 检测技术，补充生物学检测的不足。同时，一些常见的真菌病害，如早疫病、黑痣病、枯萎病和粉痂病等病害，通常也是应用生物学方法鉴定，但在检测工作中还缺少相应的检测标准支持，有待补充完善。

（5）虫害的判定

①甲虫。马铃薯甲虫具有显著的形态特征，在马铃薯甲虫检测标准中规定了甲虫不同时期的形态及特征，可以据此进行结果判定。马铃薯甲虫个体比较大，较容易识别，因此，此类标准可行性较高。

②线虫。目前，我国马铃薯线虫检测主要针对腐烂茎线虫、白线虫和金线虫。其中白线虫和金线虫标准中均详细规定了线虫的形态特征，据此判定检测结果，且均以胞囊或雌虫的形态特征为主要依据，以幼龄虫和雄成虫辅助鉴定判断。但线虫个体小，检测时需要专业的技术人员，检测标准推行难度较大。腐烂茎线虫在形态学鉴定的基础上，还可以应用分子生物学技术，可有效提高检测效率，应用推广比较容易。

③马铃薯线角木虱。标准中详细描述了马铃薯线角木虱成虫和若虫的形态特征，结果判定中规定以成虫的形态特征为鉴定依据，若虫形态特征可作为鉴定参考。形态学鉴定相对较难，不能直接得出结果，只能通过数据对比进行判断。

表 7－3 和表 7－4 列出了不同病害对应的检测技术和检测引物。

表 7-3 检测技术对应的检测对象

序号	检测技术	病害名称
1	酶联免疫吸附测定（Enzyme-linked immunosorbent assay，ELISA）	PVX、PVY、PVS、PVM、PVA、PLRV、PMTV、马铃薯环腐病、马铃薯褐腐病、PYDV、PVV
2	免疫胶体金技术（Immunocolloidal gold technique）	PVA、PVY、PVX
3	核酸杂交检测技术（Nucleic acid spot hybridization，NASH）	PSTVd
4	往返电泳法（Return-polyacrylamide gel electrophoresis，R-PAGE）	PSTVd
5	反转录聚合酶链反应（Reverse tran-scription PCR，RT-PCR）	PSTVd、PVA、PLRV、PVM、PVY、PVX、PVS、PMTV、PVV、PYDV
6	聚合酶链式反应（Polymerase chain reaction，PCR）	马铃薯环腐病、马铃薯褐腐病、马铃薯炭疽病、马铃薯皮斑病
7	免疫电镜技术（Immunoelectron microscopy）	PVY
8	电镜检测技术（Technology of electron microscopy）	PYDV、PMTV
9	实时定量 PCR（Real-time quantitative PCR）	PSTVd、马铃薯环腐病、马铃薯褐腐病、PVY、PVV、PYDV
10	镜检（Microscopic examination）	马铃薯炭疽病、马铃薯癌肿病
11	生物学检测（Biology detection）	PSTVd、马铃薯环腐病、PVA、PVY、PYDV、PMTV、马铃薯银屑病、马铃薯黑粉病、马铃薯坏疽病、马铃薯绯腐病、马铃薯炭疽病、马铃薯皮斑病、马铃薯甲虫、马铃薯白线虫、马铃薯金线虫和马铃薯线角木虱
12	革兰氏染色（Gram staining）	马铃薯环腐病
13	选择性培养基（Selective medium）	马铃薯褐腐病
14	焦磷酸测序法（Pyrosequencing）	PVY^{N} 株系
15	LAMP-PCR（loop-mediated isothermal amplification-PCR）	PVX

表 7－4　部分病害的检测引物

序号	病害名称	标准号	引物（5′—3′）	检测方法
1	马铃薯 A 病毒 *Potato virus A*	NY/T 2678—2015	PVA－F：GATGTCGATTTAGGTACTGCTG PVA－R：TCCATTCTCAATGCACCATAC	RT－PCR
		SN/T 1135.7—2009	PVA－FP：GTTGGAGAATTCAAGATCCTGG PVA－RP：TTTCTCTGCCACCTCATCG	RT－PCR
2	马铃薯 M 病毒 *Potato virus M*	GB/T 36846—2018	PVM－F：CGCATATATGTGAACCTGGA PVM－R：TCTTTGTGCGTATTGTGAGC	RT－PCR
		NY/T 2678—2015	PVM－F：ACATCTGAGGACATGATGCGC PVM－R：TGAGCTCGGGACCATTCATAC	RT－PCR
3	马铃薯 S 病毒 *Potato virus S*	NY/T 2678—2015	PVSa－F：GAGGCTATGCTGGAGCAGAG PVSa－R：AATCTCAGCGCCAAGCATCC PVSb－F：TCTCCTTTGAGATAGGTAGG PVSb－R：CAGCCTTTCATTTCTGTTAG	RT－PCR
4	马铃薯 X 病毒 *Potato virus X*	GB/T 36833—2018	PVX－RT－F：GCTGAACGGTTAAGTTTCCATT-GATAC PVX－RT－R：CGTAGTTATGCTGGTGGGAGAGTG	RT－PCR
			PVX－Tm－F：AGGCTATCTGGAAGGACATGAA PVX－Tm－R：TGAGCAGATGAGCCCACAT PVX－探针：FAM－CCCACAGACACTATGGCA-CAGGCTG－Tamra	Real－time RT－PCR
		NY/T 2678—2015	PVX－F：ATGTCAGCACCAGCTAGCA PVX－R：TGGTGGTGGTAGAGTGACAA	RT－PCR
5	马铃薯 Y 病毒 *Potato virus Y*	GB/T 36816—2018	PVY－al－F420：CGATACAAGACTGATGYCCAGAT PVY－al－R1200：TAYTGTTGRGCACAGGTRGGG	RT－PCR
			PVY－105F：GGGTTTAGCGCGTTATGCC PVY－105R：TCTTGTGTACTGATGCCACCG PVY－Probe：HEX－CAGTGAGGGCTAGGGAAGCG-CACA－BHQ1	Real－time RT－PCR
		NY/T 2678—2015	PVY－F：GGCATACGGACATAGGAGAAACT PVY－R：CTCTTTGTGTTCTCCTCTTGTGT	RT－PCR
6	马铃薯卷叶病毒 *Potato leaf roll virus*	NY/T 2678—2015	PLRV－F：CGCGCTAACAGAGTTCAGCC PLRV－R：GCAATGGGGGTCCAACTCAT	RT－PCR
		SN/T 2627—2010	P1：AGGCGCGCTAACAGAGTTCA P2：CTTGAATGCCGGACAGTCTG	RT－PCR

（续）

序号	病害名称	标准号	引物（5′－3′）	检测方法
7	马铃薯V病毒 *Potato virus V*	GB/T 31806—2015	PVV-CP-F：CGTATGAAGTCAGACATCAAGCAAA PVV-CP-R：AAAGCTAGTACGAAGAAAAGCCAAAC	RT-PCR
			PVV-F：CGGTATGGTTTGGTGAGAAATTTGC PVV-R：ACCATCCAATCCAAACAAGCGAGT PVV-Probe：FAM-TCCCGCACATCCGTCCGAGCAC-TAMRA	Real-time RT-PCR
8	马铃薯帚顶病毒 *Potato mop-top virus*	SN/T 1135.3—2016	PMTV-F1：CTATGCACCAGCCCAGCGTAACC PMTV-R2：CATGAAGGCTGCCGTGAGGAAGT	RT-PCR
9	马铃薯黄矮病毒 *Potato yellow dwarf virus*	GB/T 36812—2018	PYDV-F：ATATTCATTTCCAGGCTTGCAT PYDV-R：CTATTTTCCCCTCAGTAGTCCAC	RT-PCR
			PYDV-f1：GGTCAAATCGGAAATGAG PYDV-r1：CTGGTTACAGTGATCAGA PYDV-f2：CTACCATTAGAACAAGTTACG PYDV-r2：GGTGGATAACTGTTGAAG PYDV-Probe1：FAM-TAAGCGGCAACCAACTGTCG-TAMRA PYDV-Probe2：FAM-CAGTCAGCGGAAGTCACCAATT-TAMRA	Real-time RT-PCR
10	马铃薯纺锤块茎类病毒 *Potato spindle tuber viroid*	GB/T 31790—2015	上游引物：ATCCCCGGGGAAACCTGGAGCGAAC 下游引物：CCCTGAAGCGCTCCTCCGAG	RT-PCR
			PSTVd-231F：GCCCCCTTTGCGCTGT PSTVd-296R：AAGCGGTTCTCGGGAGCTT PSTVd-251T：FAM-CAGTTGTTTCCACCGGGTAGTAGCCGA-TAMRA	Real-time RT-PCR
		NY/T 1962—2010	Pc：GGATCCCTGAAGCGCTCCTCCGAGCCG Ph：CCCGGGAAACCTGGAGCGAACTGG	RT-PCR
11	马铃薯环腐病 *Clavibacter michiganensis* ecies. *sepedonicus*	GB/T 28978—2012	PSA-1：CTCCTTGTGGGGTGGGAAAA PSA-R：TACTGAGATGTTTCACTTCCCC CMSIF1：TGTACTCGGCCATGACGTTGG CMSIR1：TACTGGGTCATGACGTTGGT CMSIF2：TCCCACGGTAATGCTCGTCTG CMSIR2：GATGAAGGGGTCAAGCTGGTC CmsSp1f：CCTTGTGGGGTGGGAAAA CmsSp5r：TGTGATCCACCGGGTAAA Cms50F：GAGCGCGATAGAAGAGGAACTC Cms50R：CCTGAGCAACGACAAGAAAAATATG Cms72Af：CTACTTTCGCGGTAAGCAGTT Cms72aR：GCAAGAATTTCGCTGCTATCC	RT-PCR

（续）

序号	病害名称	标准号	引物（5′—3′）	检测方法
11	马铃薯环腐病 *Clavibacter michiganensis* ecies. *sepedonicus*	GB/T 28978—2012	CelA-F：TCTCTCAGTCATTGTAAGATGAT CelA-R：ATTCGACCGCTCTCAAA CelA probe：FAM-TTCGGGCTTCAGGAGTGCGTGT-BHQ1 Cms50-2F：CGGAGCGCGATAGAAGAGGA Cms50-133R：GGCAGAGCATCGCTCAGTACC Cms50-53T：HEX-AAGGAAGTCGTCGGATGAAGATGCG-BHQ1	Real-time RT-PCR
12	马铃薯青枯病 *Ralstonia solanacearum*	SN/T 1135.9—2010	正向引物 RS32：GGTGTTTGCGTTTGGCATT 反向引物 RS37：GTACACCTAGTTCCACAATAC	RT-PCR
			B2-Ⅰ：TGGCGCACTGCACTCAAC B2-Ⅱ：AATCACATGCAATTCGCCTACG B2-P(VIC)：TTCAAGCCGAACACCTGCTGCAAG(TAMRA)	Real-time RT-PCR
13	马铃薯丛枝植原体 *Potato witches′ broom phytoplasma*	SN/T 2482—2010	P1：AAGAGTTTGATCCTGGCTCAGGATT P7：CGTCCTTCATCGGCTCTT R16F2n：ACGACTGCTAAGACTGG R16R2：TGACGGGCGGTGTGTACAAACCCG	RT-PCR
14	马铃薯炭疽病 *Colletotrichum coccodes* (Wallr.) Hughes	SN/T 2729—2010	Ccl NFl：TGCCGCCTGCGGACCCCCCT Cc2NRl：GGCTCCGAGAGGGTCCGCCA	RT-PCR
15	马铃薯皮斑病 *Polyscytalum pustulans* (M. N. Owen et Wakef.) M. B. Ellis	SN/T 1135.11—2013	PpustF1：AGCGCCCCACAGAAGCC PpustR2：GACCGAACTTCTCCGAGAGGT PpustPR1：FAM-CGGCTCTAAACCCTACCGAAGTAGGGTAGC-BHQ	Real-time RT-PCR
16	腐烂茎线虫 *Ditylenchus destructor* Thorne	GB/T 29577—2013	rDNAl：TTGATTACGTCCCTGCCCTTT rDNA2：TTTCACTCGCCGTTACTAAGG DdSl：TCGTAGATCGATGAAGAACGC DdS2：ATTATCTCGAGTGGGAGCGC DdLl：TTGTGTTTGCTGGTGCGCTTGT DdL2：GAGTGAGAGCGATGTCAACATTG D3A：GACCCGTCTTGAAACACGGA D3B：TCGGAAGGAACCAGCTACTA	RT-PCR
17	马铃薯坏疽病 *Phoma exigua* var. *foveata*	SN/T 1135.8—2017	Phoma-2：GGACCCCTGTACTGACGTC Phoma-7：AGCGGCTAGGATAGACAGGCG	RT-PCR

（6）病害检测的注意事项

①病害检测最忌所见即所得，目测没有病的未必是健康的，病毒、细菌和部分真菌都有潜伏侵染的情况，看不见的病害往往比看得见的病害危害更大。

②复合感染的样品要避免症状最明显的病害干扰，科学推测导致该病害发生的各种原因，并检测原发病害，分析病害发生的真正起因，这一点对于病害的有效防治非常重要。因此，病害鉴定最好以实验室检测为主。

马铃薯机械化生产

一、概述

农业机械化是农业现代化的重要体现，马铃薯机械化生产水平同样也是其生产技术进步和产业发展的重要体现。马铃薯机械化生产技术主要是以机械化种植和机械化收获为主，配套深耕、深松和中耕培土，实现全程机械化管理，替代传统的人工生产技术，以促进产业的快速发展。马铃薯机械化种植可以节约种薯、提高产量、节省用工、提高效率，且可使出苗整齐，种植行距、株距、播深一致，更有利于后期的田间管理。

21 世纪以来，随着劳动力成本的提高，各马铃薯种植大户及生产企业，开始采购国外先进大型马铃薯联合收获机械。同时，国内相关研究部门也根据国内情况，把研发方向定格在中小型马铃薯种植机和收获机等机械的研制上，进一步提高工作效率。随着知识型劳动力的不断增加和农村土地集中制的执行，马铃薯机械化种植势在必行，种植管理者也将对作业人员的操作技术有严格要求。因此，马铃薯机械产品标准和作业技术规范的制定必不可少。无论是管理产品市场还是培训作业人员，都需要有据可行，有章可依，国家、行业或地方的各级标准就是最好的依据和规章。

2002 年 12 月 30 日发布的《马铃薯收获机质量评价技术规范》（NY/T 648）是我国第一个马铃薯机械相关标准，此标准于 2015 年被重新修订，成为最新执行的收获机标准。迄今发布实施的马铃薯机械相关标准，重点在种植和收获 2 个环节，生产管理方面需要的机械标准还是空白，机械标准的完善可加快马铃薯标准化发展的进程，详见表 8 - 1。

表 8-1　马铃薯机械相关标准

序 号	标准名称	标准号
1	马铃薯种植机　技术条件	GB/T 25417
2	种植机械　马铃薯种植机　试验方法	GB/T 6242
3	农林机械　安全　第 16 部分：马铃薯收获机	GB 10395.16
4	马铃薯种植机械　作业质量	NY/T 990
5	马铃薯种植机质量评价技术规范	NY/T 1415
6	马铃薯收获机　作业质量	NY/T 2464
7	马铃薯机械化收获作业技术规范	NY/T 2462
8	马铃薯收获机质量评价技术规范	NY/T 648
9	马铃薯收获机械	NY/T 1130
10	马铃薯打秧机　质量评价技术规范	NY/T 2706

二、标准应用情况

马铃薯种植机是用于种植马铃薯的大型农业机械，它与拖拉机配套，可以一次性完成开沟、播种、施肥、覆土等作业。《马铃薯种植机　技术条件》（GB/T 25417）和《马铃薯种植机质量评价技术规范》（NY/T 1415）规定了马铃薯种植机的产品质量要求、检测方法和检验规则，适用于种薯为薯块和具有施肥机构的马铃薯种植机。《种植机械　马铃薯种植机　试验方法》（GB/T 6242）和《马铃薯种植机械　作业质量》（NY/T 990）则规定了马铃薯种植机的作业质量指标、作业质量的检验方法和检验规则。

马铃薯打秧机是一款与拖拉机配套的小型机械，它是在秸秆还田机的基础上改进的，将秸秆还田机的镇压轮改为行走轮，改动刀片排列方式，方便切割秧苗将茎叶打碎，使其适合马铃薯收获前的杀秧工作。《马铃薯打秧机　质量评价技术规范》（NY/T 2706）规定了马铃薯打秧机的产品质量要求、检测方法和检验规则。适用于马铃薯打秧机的质量评定。

马铃薯收获机是专门用于收获马铃薯的机械，与拖拉机配套可一次性完成挖掘、分离、输送等作业。《农林机械　安全　第 16 部分：马铃薯收获机》（GB 10395.16）规定了设计和制造牵引式、悬挂式和自走式马铃薯收获机的安全要求和判定方法，并规定了制造厂应提供的安全操作信息的类型。适用于可进行茎叶切割、挖掘、捡拾、清理、输送和卸料等一种或多种作业的牵引式、悬挂式和自走式马铃薯收获机，也适用于未经改装便可用于收获其他作物的马铃薯收获机。《马铃薯收获机质量评价技术规范》（NY/T 648）和《马铃薯收获机械》（NY/T 1130）中规定了收获机产品质量要求、评价指标的试验方法和检验规则，适用于马铃薯收获机的试验鉴定和质量检验。同样，《马铃薯收获机　作业质量》（NY/T 2464）和《马铃薯机械化收获作业技术规范》（NY/T 2462）中规定了马铃薯收获机作业的质量要求、检验方法和检验规则，同时还规定了作业的安全要求和机具维护、保养与存放，适用于马铃薯机械化收获作业质量的评定。

三、基础知识

1. 种植机

（1）株距　播行内相邻两个种薯中心在播行中心线上投影点的距离。

（2）空穴　株距大于 1.5 倍农艺要求株距者，称为空穴。

（3）种植深度　由种薯最低点到地表面的距离。

（4）种肥间距　单个种薯与肥料之间的最小距离。

（5）施肥量　单位作业面积所投放肥料的质量。

（6）种薯幼芽损伤　种薯由于种植机的原因产生地掉芽、伤芽现象。

（7）邻接行距　两个相邻作业行程衔接行之间的距离。

（8）标称间距　制造厂在产品使用说明书中标出的种薯间距，单位为厘米（cm）。

（9）实际间距　除漏播和重播外，不少于 100 个实测种薯间距的平均值，单位为厘米（cm）。

（10）种植机行数　一台种植机在单行程中种植的行数。

（11）种薯密度　每公顷种植种薯的数量，单位为株 · hm^{-2}，按照公式计算。

$$种薯密度=\frac{10^8}{实际间距（cm）\times行距（cm）}$$

（12）种薯质量　一批种薯中至少以 30 个称重，确定其平均质量，单位为克（g）。

（13）种薯种植量或额定种植量　每公顷种植种薯的总质量，单位为吨/公顷（t · hm^{-2}），并按照公式计算。

$$种薯种植量=\frac{100\times种薯质量（g）}{实际间距（cm）\times行距（cm）}$$

(14) 种植频率　每行每分钟种植种薯的平均数量，单位为次/分钟（次·min^{-1}）。

(15) 漏种　理论上应该种植一个种薯的地方实际上没有种薯为漏种，统计计算时凡种薯间距大于1.5倍理论间距成为漏种。

(16) 重种　理论上应该种植一个种薯的地方实际上种植了2个或多个种薯称为重种，统计时凡种薯间距小于或等于0.5倍理论间距称重种。

(17) 变异系数　一行中实际间距的偏差与标称间距的百分比。

(18) 种植误差　一行中种薯实际间距与标称间距的偏差，种植误差用漏种指数、重种指数以及变异系数表示。

(19) 种杯充满误差　对带有杯式升运斗的种植机，以每百个杯或其他排种计量装置的漏种和重种数量的百分比表示。

2. 收获机

(1) 小薯　最小长度尺寸小于25 mm的马铃薯。

(2) 明薯　机器作业后，暴露出土层的马铃薯。

(3) 漏挖薯　机器作业后，没有被挖出土层的马铃薯。

(4) 埋薯　挖掘出土层后又被掩埋的马铃薯。

(5) 漏拾薯　挖掘出土层后，而没有被拣拾收回的马铃薯。

(6) 损失薯　联合收获机械作业后的漏挖薯、埋薯和漏拾薯之和（不含小薯）。

(7) 破皮薯　机器作业擦破皮的马铃薯（由于薯块腐烂引起的破皮除外）。

(8) 茎叶切碎装置　在挖掘马铃薯前切下并清除茎叶的装置。

(9) 茎叶分离装置　挖掘后将茎叶从马铃薯中分离出来的装置。

(10) 挖掘装置　从泥土中将马铃薯挖掘出来的装置。

(11) 清理装置　主要用于将黏附泥土的马铃薯从中分离出来的装置。

(12) 土块和石块清除装置　从挖掘出的马铃薯中去除泥土、土块和石块的装置。

(13) 分选平台　收获机上分选马铃薯的工作区。

(14) 双向通信　分选平台上操作者和收获机或拖拉机驾驶员之间相互传递信息、声音的能力。

(15) 输送装置　将马铃薯从收获机的一处输送到另一处的装置。

(16) 卸料装置　将马铃薯从收获机输送出去的装置。

(17) 高位自卸料斗　装有底盘倾卸支架举升系统的料斗。

3. 打秧机

(1) 马铃薯打秧机　在马铃薯收获前将马铃薯茎叶打碎的机械。

(2) 伤薯　机械作业时损伤薯皮或薯肉的马铃薯（由于薯块腐烂引起的损

伤除外）。

四、种植机产品和作业质量评价

1. 分类及结构简介 马铃薯种植机一般可一次性完成开沟、施肥、喷药、排种、覆土、镇压、覆膜等种植步骤。可以有效减少拖拉机携带机械的进地次数，提高作业效率和种植精度。与传统人工种植方式相比，不仅大大减轻了人员劳动强度，还可以争抢珍贵如金的农时。

（1）分类 按照排种器原理不同分针刺式、指夹式、舀勺式和气吸式4种类型，按照自动化程度不同分全自动马铃薯种植机和半自动马铃薯种植机。

① 针刺式。优点是重播率、漏播率低，适当选择刺针的长度与配置，易于达到只刺一块种薯而不重不漏的目的。缺点是刺针本身比较脆弱，易变形损坏，易被杂草缠绕损伤，工作不持久，且针刺易传播马铃薯病害。

② 指夹式。主要播种部件为薯夹，其运动方向与夹持方向垂直，夹持过程是"抓取"，薯夹开度必须足够大，因此重夹率、漏夹率高。缺点是投种点高，落地速度较大，落地时偏离正常位置而致使积聚或离散，增加了重播率、漏播率，株距均匀性较差。

③ 舀勺式。国内外普遍采用的播种部件，效果较好且较稳定，适合高速作业，具有大面积连续作业故障少、可靠性高、保养方便、生产效率高的特点。但其结构比较复杂，价格较高，对于较小地块来说，播种成本较高。

④ 气吸式。作业效率高，排种精度高，但其设备结构复杂、成本高，一次性投资压力较大。随着马铃薯精播要求的不断提高，气吸式排种器是未来的发展方向。

（2）结构 本书以半自动马铃薯播种机为例，介绍其基本机构，主要由机架、侧深施肥铲、传动装置、地轮、种箱及复合开沟播种器、覆土铧、镇压器、座椅、肥箱及施肥装置等部分组成，如图8-1所示。

①机架。由方管与槽钢、角钢等焊接而成，是种植机的基础和骨架，在它的上面安装所有的零部件，播种行距的调整也在此上实现。

②侧深施肥铲。采用螺栓顶固的方式安装在机架上，利用螺栓顶固位置不同可以实现对施肥铲上下位置的调整，保证农艺需要。2个开沟器两侧对称安装2个侧深施肥铲，每个施肥铲上焊有顺肥管1根，其开沟及施肥位置处于薯种侧方，可保证播种时肥料与薯种的隔离及后期生长养分的有效供应。

③传动装置。本传动装置为开放式传动布局，位于整机中部。传动装置由

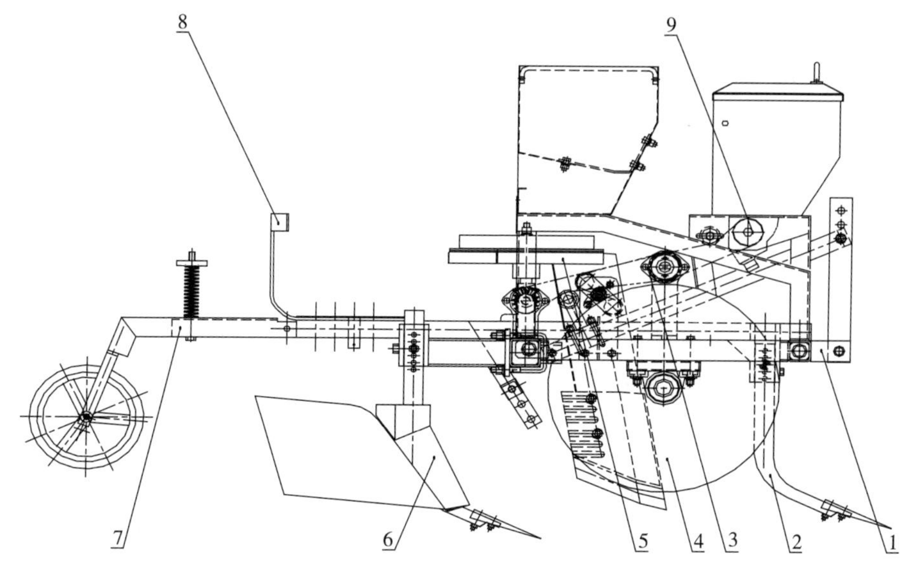

图 8-1　半自动马铃薯播种机主要结构

1. 机架　2. 侧深施肥铲　3. 传动装置　4. 地轮　5. 种箱及复合开沟播种器　6. 覆土铧　7. 镇压器　8. 座椅　9. 肥箱及施肥装置

地轮轴双联滑移链轮机构、中间轴链轮机构、后传动链轮机构、施肥装置驱动链轮机构、张紧机构及备用链轮等组成，其特点为株距调整范围广、调整方便。传动原理为由安装在地轮轴中部的双联滑移链轮通过链传动与中间轴一侧链轮 1 连接将动力传到中间轴，中间轴通过中部安装的链轮将动力传到后轴，后轴上安装伞齿轮，该伞齿轮与轮盘式播种器主轴下端伞齿轮连接，即可将动力由地轮传到播种器主轴；中间轴另一侧链轮 2 通过链传动与施肥装置驱动链轮连接，驱动外槽轮施肥器进行排肥；中间轴一侧链轮 1 为机械连接可更换结构，通过更换不同齿数链轮以满足不同株距要求。

④地轮。工作时支撑整机重量并在拖拉机的牵引下驱动播种与施肥装置的运转，它是整个种植机的动力源。

⑤种箱及复合开沟播种器。复合开沟播种器由播种圆盘（每盘上 9 个穴孔）、圆盘支架、落种开沟靴和调整靴脚等部件组成，种箱通过支架安装在播种圆盘上方。作业时，由操作工人手工将种薯从种盘取出，放入播种圆盘穴孔中，每个穴孔放置 1 个种薯，以保证精播。播种圆盘通过传动机构传递的动力旋转，当种薯转到落种开沟靴上部开口处时，种薯落下，自然落在落种开沟靴开出的播种沟中。调整靴脚与落种开沟靴通过螺栓连接，调整靴脚在落种开沟靴上的高低位置可调，以满足不同农艺要求。

⑥覆土铧。采用组装式结构，入土深度可调，翼板展开宽度可调，以适应不同种植户对垄距、垄型等要求，根据垄距从中间到两边安装 3 套。其作用是将复合开沟器开出的沟沿土覆回沟内盖住种薯并形成垄型。

⑦镇压器。由镇压轮、轮架、压力弹簧、调整螺杆等组成，其作用是将覆起的土壤压实，避免垄土漏风，合土保墒，利于种薯发芽生长。

⑧座椅。机具安装 2 把座椅，每把座椅可绕连接轴 360°旋转，方便操作工人乘坐。每把座椅前端均安装安全带，要求工人乘坐时必须系好安全带。

⑨肥箱及施肥装置。肥箱通过支架固定在机架上，箱底装有尼龙材质的外槽轮式施肥盒，盒出口与侧深施肥铲顺肥管通过塑料软管连接，传动装置带动外槽轮转动使肥料流入肥沟内。

2. 产品要求 《马铃薯种植机　技术条件》（GB/T 25417）和《马铃薯种植机质量评价技术规范》（NY/T 1415）都是规定马铃薯种植机产品质量的标准，文中明确规定了产品的质量要求。

（1）一般要求 包括调整机构操作方便，转动部件灵活，各紧固件和连接件牢靠，涂漆外观质量色泽均匀不露底，开沟铲硬度达标，与配套拖拉机运输间隙符合标准，漆膜附着性能Ⅱ级以上。

（2）性能要求 包括种薯间距合格指数、重种指数、漏种指数、种薯幼芽损伤率、种植深度合格率、合格种薯间距变异系数、行距最大偏差、种肥间距、各行排肥量一致性变异系数、总排肥量稳定性变异系数。

（3）可靠性要求 包括有效度和平均首次故障前作业量。

（4）安全要求 包括装有可靠的防护装置，醒目有效的安全标志，易懂全面的说明书，且单独停放时能保持稳定和安全。

（5）产品标牌 包括产品名称、型号、主要技术参数、出厂编号、生产日期、制造厂名称和地址、执行标准。

3. 检测方法及检验规则 马铃薯种植机性能检测试验方法按照《种植机械　马铃薯种植机　试验方法》（GB/T 6242）进行，外观采用目测对照检查。检验规则为随机抽取 2 台合格产品，检验产品要求的项目是否符合规定，以判定产品合格与否。我国马铃薯种植机的国家标准和行业标准在检验项目上有所差异，不合格分类也不同，《马铃薯种植机 技术条件》（GB/T 25417）中检验项目分为 A 类和 B 类，其中 A 类 4 项、B 类 12 项；而《马铃薯种植机质量评价技术规范》（NY/T 1415）中将检验项目分为 A、B、C 3 类，其中 A 类 4 项、B 类 10 项、C 类 8 项，所以导致最终产品的合格与不合格评判规则略有差异。

4. 作业质量评价 《马铃薯种植机械　作业质量》（NY/T 990）中规定的种植机作业质量要求包括空穴率、邻接行距合格率、种薯幼芽损伤率、种肥间距、种植深度合格率、平均株距、株距合格率、施肥量相对误差 8 项指标。规定范围值与方法检验详见标准原件。同时，按照《农业机械试验条件　测定方法的一般规定》（GB/T 5262）的规定测定土壤含水量、土壤坚实度、肥料含水量、种薯幼芽长度和种薯尺寸极差。

根据各项指标对马铃薯作物生长的影响程度，将检验项目分为重大缺陷和严重缺陷 2 类。其中，空穴率、邻接行距合格率、种薯幼芽损伤率、种肥间距、种植深度合格率 5 项为重大缺陷；平均株距、株距合格率、施肥量相对误差 3 项为严重缺陷。重大缺陷项全部达到规定范围，而严重缺陷项只有 1 项不达标，作业质量判定为合格，其余不达标情况均为不合格。

5. 安全要求　马铃薯种植机应在经耕耘、松碎、洁净、平整后并具有适宜含水率的土壤上使用，这是机具能够正常工作的前提条件。此外，使用过程中的保养及定期维护工作也是保证机器可靠性和安全使用的关键，应配备相应检查及维护工具，做到常抓不懈，防患于未然。对各转动部位应按使用要求每班次进行检查和注油保养，尤其是链条处除按时注油保养外，还需检查其张紧度并相应调整张紧装置，对在轴上通过移动来确定其工作位置的链轮一定要注意将其定位后用紧固螺钉锁紧。对各链接部位要经常检查其紧固程度，一有松动应马上锁紧。对在工作过程中出现的有些工作部件黏土现象要随时进行清理，以免影响正常作业。为达到精密播种及稳定作业的目标要求，对种薯按尺寸大小实施分级是很有必要的，它能够最大限度地发挥机器的效能，不仅可以节省后续作业时间，而且使地力、肥效因精密播种而获得最大程度的利用。

种植作业时，相关人员务必做到以下 3 点：

（1）作业过程中严禁触摸各种转动器件，对设警示性标志的部分要避免人员靠近，所有传动链轮的安装应定期检查和适时紧固其链接处，以免松动后造成事故。

（2）作业过程中严禁拖拉机倒驶，转弯或回程前一定要将种植机通过液压悬挂机构升离地面后再进行下一步操作。遇特殊情况一定要先停车，然后经过仔细检查再进行有效处理，严禁操作人员随便对运转中的机器进行工作状态调整。

（3）作业过程中严禁在种植机与拖拉机悬挂牵引链接处站人。需要时可站在机架后横梁上，以观察实际工作效果，一定要坐稳把牢并做好安全保护措施，避免出现意外事故。

五、收获机产品和作业质量评价

1. 分类及结构简介 国内马铃薯收获方式主要包括3类：一是人工收获；二是采用分段收获模式，由马铃薯挖掘机挖掘，挖出的马铃薯铺放在田间，再由人工捡拾装袋；三是马铃薯联合收获方式，收获机一次完成马铃薯收获作业，成品马铃薯经过薯土分离后直接装车，是一种高效率收获模式。

（1）分类 按照马铃薯机械收获的方式，收获机大致分为马铃薯挖掘机和马铃薯联合收获机2种。马铃薯挖掘机按照挖掘方式分为抛掷轮式、升运链式和振动式3种；马铃薯联合收获机按动力配套型式分为自走式和牵引式2种。

①抛掷轮式。挖掘机掘起的土垡在抛掷轮拔齿的作用下，被抛到机器一侧，并散落在地表。这种挖掘机的结构简单，重量轻，不易堵塞工作部件，适合在土壤潮湿黏重、多石、杂草茂盛的地上作业；缺点是埋薯多，拔齿对薯块损伤大，已经逐步被淘汰。

②升运链式。其分离部件为杆条式升运器。工作时，挖掘铲将薯块和土壤一同铲起，送到杆条式升运器，在一边抖动一边运输的过程中，把大部分泥土从杆条间筛下，薯块在机器后部铺放成条。为了便于捡拾和装运，升运筛后部固定一个可调式的集条挡板，有的还装有横向集条输送器。这种挖掘机适宜在沙土和壤土上作业，工作稳定可靠；但缺点是机具较重。

③振动式。通过曲柄杆机构摆动栅条分离筛进行薯块与土壤的分离。由于工作部件的振动，可在一定条件下产生较大的瞬时力，从而增强了碎土性能，强化了分选效果。

④自走式。自走式联合收获机特点是行走轮上安装有计算机导航系统，可根据GPS定位仪进行定位；机身设计收集装置，无须人工捡拾，节省了劳动力；且机器设有分选台，块茎在收获的同时直接被分级，减少后续工作。

⑤牵引式。按照输出方式又分为侧输出和后输出2种。优点是可自动化控制进行薯块分离，伤薯率降低；有的机器自身有升运装置，可将薯块收集到同步行走的运输车内。

（2）结构 以双行半自动马铃薯收获机为例，介绍马铃薯收获机的结构功能。

该马铃薯收获机采用全悬挂双行升运链式结构，用于分段收获马铃薯。机具采用新型挖掘铲，很好地解决了挖掘铲与升运链之间容易壅塞的问题；采用拔草轮结构，很好地解决了升运链驱动轮位置易堵塞问题。因此，该机具地区适应性较强，一般在土壤含水量25%以下的黏重土壤、轻黏土、沙壤土地区皆可使用，作业质量高，能一次完成收获、升运分离、放铺等收获工艺。

该机与带液压升降机构的轮式拖拉机配套使用。机具整体结构如图 8-2 所示，主要结构由切割圆盘、机架、挖掘装置、传动装置、行走装置和升运链等部分组成。

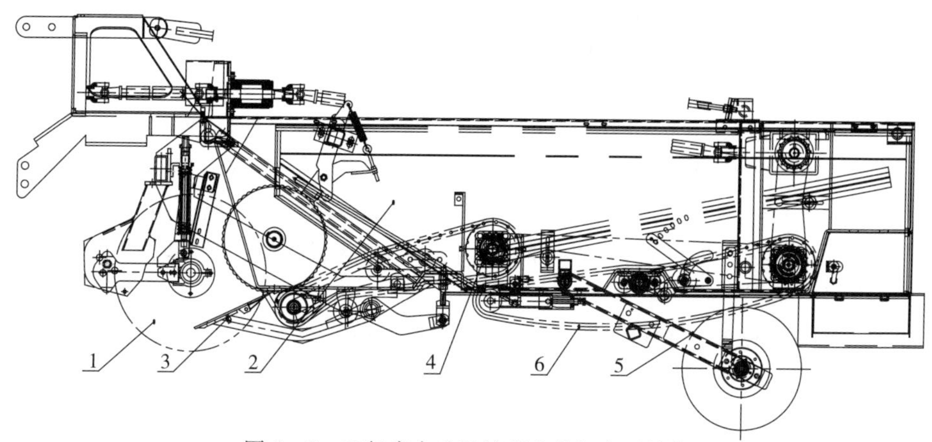

图 8-2 双行半自动马铃薯收获机主要结构

1. 切割圆盘 2. 机架 3. 挖掘装置 4. 传动装置 5. 行走装置 6. 升运链

①切割圆盘。由组合螺栓、主体连接机构、切割盘、连接轮毂、刮土机构及调整机构组成。其作用是将垄侧与垄上土壤分离，切断可能存在的茎草，有利于马铃薯与土壤的升运和分离。作业时，须保证刮土机构固定，使它们既不会碰触切割盘，也能够刮掉泥土。拧松组合螺栓，可以对切割圆盘左右位置进行调整。通过调整机构上的丝杠可以对切割深度进行调整。

②机架。由悬挂架、左右机架、横梁、隔板和后挡板组合而成，是本机的骨架，起主要受力作用。

③挖掘装置。由主铲、中间铲、铲柄和过桥组成，其作用是将垄的土壤及薯块全部掘起。

④传动装置。由万向传动轴、减速箱、链轮、张紧轮和套筒滚子链组成，其作用是将拖拉机的动力传递给第一、第二驱动轮。

⑤行走装置。行走装置主要是行走轮，供升降起落和短途运输。

⑥升运链。由中间连杆、皮带夹、升运杆条、垫片及铆钉组成。中间连杆由 2 个开口销锁在皮带上，链杆由铆钉铆接在皮带上；铆钉为 6mm×24mm 的铆钉。

2. 产品要求 《农林机械 安全 第 16 部分：马铃薯收获机》（GB 10395.16)、《马铃薯收获机械》（NY/T 1130）和《马铃薯收获机质量评价技术规范》(NY/T 648）都规定了马铃薯收获机产品的质量要求。

(1) 一般要求 产品符合图样及有关标准规定，各组成部件无缺陷，焊接牢固且焊缝平整，各部件硬度和精密度达标，机架焊合后需校正至符合规定标准，机器运转灵活无卡滞，涂漆均匀符合规定标准等。

（2）性能要求 包括损失率、伤薯率、破皮率、含杂率、挖掘铲静沉降、纯工作小时生产率、噪声要求、制动性能、可靠性及坡度停车等。

（3）安全要求 包括靠近操作人员位置装有可靠的防护装置，醒目有效的安全标志，可操纵性强，驾驶室玻璃采用安全玻璃，自走式收获机应安装照明灯、后视镜、喇叭、灭火器、梯子、扶手、护栏等。《农林机械　安全　第16部分：马铃薯收获机》（GB 10395.16）中给出了详细的危险一览表，可参考。

（4）产品标牌 包括产品名称、型号、主要技术参数、出厂编号、生产日期、制造厂名称和地址、执行标准及标准代号、空载质量、额定功率、安全标志和使用说明书。

3. 检测方法及检验规则 马铃薯收获机的性能测试需要选择长度不小于30 m、两端稳定区不少于10 m、宽度不少于作业幅宽8倍的试验区，测试2个行程，每个行程随机选择3个小区，小区长3 m，宽度为机器作业幅宽，测定马铃薯收获机性能要求指标是否合格。收获机外观采用目测对照检查。

检验规则根据最新标准规定，在生产企业近一年内生产且自检合格的产品中随机抽取2台样机，马铃薯挖掘机抽样基数不少于25台，联合收获机抽样基数不少于10台，在销售部门或者用户中抽样不受此限制。检验项目按其对产品的影响程度分为A、B、C 3类，其中A类5项、B类6项、C类6项。当A类不合格项目数为0，B类不合格项目数≤1，C类不合格数≤2，则产品判定为合格；否则判定样品为不合格。

4. 作业质量评价 《马铃薯收获机　作业质量》（NY/T 2464）中规定了收获机作业的质量指标，包括伤薯率、破皮率、明薯率，对于联合收获机还要求有含杂率和损失率。计算方法和规定范围见标准中5.3和4.2。同时，按照《农业机械试验条件　测定方法的一般规定》（GB/T 5262）的规定测定土壤含水量和土壤坚实度，测定茎秆含水率、株距、自然高度、薯块分布宽度和深度以确定作业条件。判定规则为考核项目全部合格，则判定马铃薯收获机作业质量合格，否则为不合格。

5. 安全要求

（1）操作者进行收获作业时的要求

①任何机具上的警示和其他标志对于操作安全非常重要，务必遵守。

②使用前须熟悉各设备和控制装置的功能和位置。开始作业前，首先结合动力使其空转，然后将液压分配器手柄放在下降位置。当本机收获深度符合要求时，立刻将液压手柄放在中立位置。

③工作中，拖拉机若用低速挡行驶，则拖拉机的油门必须放在最大位置

上，以免马铃薯从第一、第二升运链之间漏掉。

④工作中，拖拉机若拐弯，要求用液压分配器将其升起后拖拉机再转弯。收获铲入土后，严禁拖拉机回转。

⑤收获铲入土后，立刻检查其收获深度。如不符合要求，应调整拖拉机悬挂中心拉杆。在工作中，拖拉机手可根据土壤、地形等不同情况，用液压分配器调整其收获深度。

⑥收获铲入土后，安全离合器如发出响声，则应旋紧主传动轴末螺母。

⑦在工作中，若安全离合器发出响声，往往是升运链与收获铲机架之间卡住石头，或者是收获深度过深以及堵塞造成的，发现故障应及时排除。

⑧移动或运转机具前应先检查机具周围，保证周围视野良好，躲避儿童。

⑨机具转弯或经过坑洼地貌时，要注意侧向力和垂直惯性力。

⑩只有所有防护装置都正常工作时才可以运转机具。

⑪保持机具传动轴部位的清洁和回转部件的正确润滑。

（2）拖拽机械时的要求

①注意拖拉机升起或放下机具时的伤害风险。

②注意三点悬挂的部位带来的危险。

③在支撑点附近工作时应注意危险。

④在确保拖拉机刹车稳定（建议使用三角垫木锁住拖拉机车轮），不会溜车的情况下才可以在悬挂或牵引铰接部位工作。

⑤悬挂机具在升起时应遵守作业机具说明书中的规定，同时兼顾拖拉机上的相关说明。

⑥背负重量不得超过拖拉机的最大负载，按拖拉机可以背负机具的大小和重量选择拖拉机型号。

⑦运输机具时，机具上的可移动部件必须绑缚紧固。这样既可以保护机具，也可以避免可能出现的危险。长途运输时要用车辆装运，不允许用拖拉机悬挂；短途运输和地块转移时允许用拖拉机悬挂，严禁就地牵引。

⑧驱动、操纵和刹车系统会受到拖拉机和负载重量的影响。因此，必须确保操纵和刹车系统的稳定性。

⑨操作人员离开拖拉机时应关闭引擎，拔出钥匙，使用三角垫木防止溜车。

⑩注意动力（液压）系统可能带来的伤害，操作过程中禁止在旋转部件转动范围内工作。

⑪机具的设计、制造、作业过程中，升运链、筛分单元、斜槽等部位不可能完全被防护。因此，在作业结束后应保持其清洁，其他类似的部分也应同样处理。

⑫防护罩覆盖的部件可能会带来危险，当机器停止运转时这些部件可能不会立即停止。因此，在保证这些部件彻底停止前应远离这些部件。机具运转过程中严禁打开防护罩等保护装置。

⑬只有当机器停止运转，关闭引擎时才可以进行维护、维修或清洁等工作。进行以上操作时应拔出拖拉机钥匙。

⑭尽量避免在高于头部的器械部位站立或工作，如无法避免此类工作时，应保证相应安全装置正常工作，同时有专门人员在旁边进行监控。

⑮始终保持护罩铰链部位的清洁。只有当所有的防护装置都正常工作的时候才可以开启机器，工作过程中严禁挪动防护装置。

(3) 进行涉及动力输出轴相关操作时的要求

①遵守动力输出轴操作规定。

②只能使用符合标准规定的动力输出轴。

③必须正确安装动力输出轴软管和保护锥体。

④确保动力输出轴的轴体在运输或工作位置，偏移角度在允许范围内。

⑤只有在发动机处于关闭状态，移除点火钥匙时，才能对动力输出轴进行连接或移动。

⑥当拖拉机上未安装动力输出轴过载保护装置时，动力输出轴上应安装具有过载保护功能的安全装置。

⑦确保动力输出轴处于正常的固定状态，安装安全可靠。

⑧拴牢保护链条，避免动力输出轴的保护装置回转。

⑨在连接动力输出轴之前，确保拖拉机动力输出轴的转速和旋转方向与作业机具所需的转速和旋转方向一致。

⑩在连接动力输出轴时，确保机具的危险区域内没有人。

六、打秧机产品和作业质量评价

1. 分类及结构简介 马铃薯打秧主要是指马铃薯收获前进行的茎秆粉碎还田作业的环节，其主要目的是保证马铃薯机械化收获作业的顺利实现，提高收净率和作业效率。

(1) 分类 根据我国马铃薯打秧技术的发展历程分为刀片式还田打秧机、锤爪式还田打秧机、仿垄型专用刀片式打秧机和仿垄型长短刀片式打秧机4类。

①刀片式还田打秧机。因国外进口马铃薯专用杀秧设备价格较高，国内早期一般改进或使用普通刀片式秸秆还田机用于马铃薯杀秧作业，其具有结构简单、价格便宜、性能可靠等优点，受到部分用户欢迎。能将垄台上薯秧清理干

净，但对垄沟薯秧几乎无法清理。

②锤爪式还田打秧机。通过研究格兰公司 FX280 锤爪式秸秆还田机等国外设备，设计了锤爪式还田打秧机，不仅能够把垄台薯秧清理干净，锤爪在高速运转下产生风吸引力，还能把垄沟部分薯秧吸起并彻底粉碎。

③仿垄型专用刀片式打秧机。仿垄型专用刀片式打秧机主要采用 8 种不同形状的专用刀片，通过组合排列实现仿垄型全幅杀秧，能实现垄沟、垄台全面杀秧，受到国内大部分用户的认可。但也存在一些问题，如多种刀片组合，整机动平衡难以保证，设备加工难度和使用强度要求较高，低速运转薯秧粉碎效果不理想，影响收获质量。

④仿垄型长短刀片式打秧机。该机型利用普通还田刀片，采用多种长短刀组合，实现仿垄型全幅杀秧。采用长短刀组合，动平衡容易保证，可实现 1 500～2 000 $r \cdot min^{-1}$高速运转，薯秧切断粉碎效果好，结构更加合理，整体加工难度和使用强度降低，延长了整机的使用寿命。目前该技术已全面推广使用，打秧机作业效果得到用户一致认可。

（2）结构　本书以甩刀式打秧机为例，介绍其结构功能。打秧机采用三点悬挂方式与拖拉机挂接，拖拉机提供牵引力及作业动力，动力经齿轮箱、传动带传递至刀辊，刀辊作高速转动。甩刀通过销轴与刀座铰接在刀辊上，机具作业时，高速旋转的甩刀将茎秧及杂草打断，打断后的茎秧、杂草被甩刀带入护罩壳内，并在甩刀、护罩及护罩壳内设置的定刀共同作用下被进一步打击、砍切、揉搓成碎段，最后由茎秧抛出口抛撒到田间。整机结构如图 8－3 所示，主要由悬挂架、机架总成、护罩、传动系统、刀辊系统、甩刀、刀座、限深轮、短轴等组成。

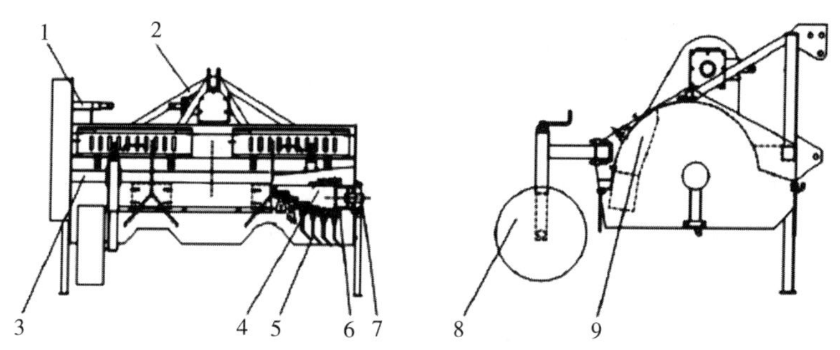

图 8－3　马铃薯打秧机主要结构

1. 传动系统　2. 悬挂架　3. 机架总成　4. 刀辊系统　5. 甩刀　6. 刀座　7. 短轴　8. 限深轮　9. 护罩

2. 产品要求　《马铃薯打秧机　质量评价技术规范》（NY/T 2706）中规定了马铃薯打秧机的产品质量要求。

（1）一般要求 包括装配质量、涂漆质量、外观质量、操作方便性、使用有效度、使用说明书以及三包凭证等。

（2）性能要求 包括茎叶打碎长度合格率、漏打率、留茬长度、伤薯率、纯工作小时生产率等。

（3）安全要求 包括安装符合标准的安全防护装置、安全使用说明书、安全标志、警告标志以及注意标志等。

（4）产品标牌 包括产品名称、型号、外形尺寸、整机质量、主要技术参数、出厂编号、生产日期、制造厂名称和地址、产品执行标准等。

3. 检测方法及检验规则 马铃薯打秧机的安全要求、装配质量、涂漆外观、产品标牌等项目检测采用目测法检查。其他项目均按照规定标准逐项检查。

打秧机的性能测试需要测定 2 个行程。每个行程测区长度不小于 50 m，两端稳定区不少于 20 m，作业宽幅为机具的宽度。随机抽取样机 2 台，应为制造单位 6 个月内生产的合格产品，抽取样机基数不少于 10 台，市场或使用现场不受此限制。检验项目按其对产品的影响程度分为 A 类和 B 类，其中 A 类 4 项、B 类 11 项。当 A 类不合格项目为 0，B 类不合格项目不超过 1 时，样品判定为合格产品，否则为不合格产品。

4. 作业质量评价 目前，我国还没有马铃薯打秧机作业质量技术规范的相关标准，建议增加此类标准的制定。

5. 安全要求

（1）使用前必须详细阅读使用说明书，严格按照使用说明书规定进行安装、调整、操作、维护保养。

（2）使用前检查齿轮箱内齿轮油液面高度及各转动部件润滑情况，且每次作业前必须检查各紧固件连接是否牢固，如有松动予以排除。

（3）使用中严禁拆卸皮带轮防护罩，注意机壳后方的安全标志，打秧机在空转或者工作时机器周围不得站人，严禁触摸运转部件。

（4）与拖拉机连接时，严格按照说明书的规定安装万向节，否则万向节卡死或者脱落甩出伤人。

（5）严禁快速提放打秧机，以免损坏机件。

（6）在工作中，刀具严禁打土，以免损坏拖拉机及本机器。

（7）在工作中，应清除或避开田间障碍物，严禁刀片碰撞硬物，以免刀片断裂飞出伤人。

（8）在工作中，遇到较大的沟坎、转弯、倒退情况时，要及时切断拖拉机输出动力，同时提升起打秧机，以免损坏万向节及打秧机体。

第九章

马铃薯加工

一、概述

马铃薯栽培适应性广、经济产量高、营养丰富，适合多种加工方式，在1570年左右从南美洲传入欧洲大陆，很快成为欧洲人的主要食品之一。由于马铃薯的高淀粉含量、低糖、丰富的蛋白质和维生素等品质特性，特别适合西方人习惯的烤、炸、煮等烹饪加工方式。随着17世纪、18世纪农业生产的发展，很快就成为西方国家的主食化品种。

1700年前后，欧洲农民开始小规模生产马铃薯淀粉，当时已经开始将淀粉用于亚麻布上浆，皇室贵族用其为脸和假发敷粉等。后来，人们用马铃薯代替谷物生产麦芽烈酒，如荷兰金酒。1819年，荷兰豪达（Gouda）公司开始生产马铃薯淀粉并转化生产糖浆。1839年以后，荷兰北部就已经建有超过50家小型马铃薯淀粉厂。到了18世纪末和19世纪初，随着世界工业化革命与科技进步，马铃薯加工业也进入快速发展期。马铃薯加工已经成为全球性的工业。特别在第二次世界大战以后，加工产业得到了快速发展，薯条、薯片等休闲食品已经在欧美普遍流行，附加值更高。近年来，随着马铃薯主食化的推进，面条、面包等尝试着向以马铃薯为原料的主食加工方向转变，用比小麦营养更高的优势来争夺市场。今天，马铃薯加工已经属于高度工业化、高技术含量的产业。

本章将概述我国马铃薯加工领域标准建设的现状，结合冷冻薯条、薯片、脱水产品和淀粉4大类马铃薯加工产品的加工技术对相关标准进行解读，标准见表9-1。

表9-1 马铃薯加工产品标准

序号	标准名称	标准号
1	食用马铃薯淀粉	GB/T 8884
2	马铃薯雪花全粉	SB/T 10752

（续）

序号	标准名称	标准号
3	马铃薯冷冻薯条	SB/T 10631
4	加工用马铃薯　油炸	NY/T 1605
5	马铃薯片	QB/T 2686
6	马铃薯主食产品　分类和术语	NY/T 3100

二、标准应用情况

全球马铃薯加工产品产量较大的有薯条、薯片、脱水马铃薯和淀粉等，我国已有的马铃薯加工产品的标准包括《马铃薯冷冻薯条》（SB/T 10631）、《马铃薯片》（QB/T 2686）、《马铃薯雪花全粉》（SB/T 10752）和《食用马铃薯淀粉》（GB/T 8884），分别规定了冷冻薯条、薯片、雪花全粉和淀粉的术语和定义、技术要求、检验规则和方法、包装、标识、运输和储藏要求。另外，《加工用马铃薯　油炸》（NY/T 1605）规定了加工用马铃薯的要求、检测方法、检验规则、标志、包装、运输和储存等技术要求。这些标准皆适用于以马铃薯为原料的加工制品。《马铃薯主食产品　分类和术语》（NY/T 3100）规定了马铃薯主食产品的分类和术语，适用于马铃薯主产产品的加工和贸易。另外，我国的食品安全标准体系也与马铃薯加工产品关系非常密切，包括品质分析，以及添加剂、重金属和农残的限量检测标准等。

三、基础知识

（1）马铃薯冷冻薯条　鲜马铃薯经清洗、去皮、切条、漂烫、干燥、油炸，再经预冷、冷冻、低温储存，在冻结条件下运输及销售，食用时需再次加热的制品。

（2）发绿马铃薯　表面或部分表面呈绿色的马铃薯。

（3）脱水马铃薯　马铃薯经加热和脱水制成的粉状、片状或其他形状的原料。

（4）绿马铃薯片　因使用发绿马铃薯，造成成品中有部分绿色的马铃薯片。

（5）杂色片　一个单件销售包装中，一片或少数片与大多数片的颜色有明显差异，或杂色斑点大于 10 cm^2 的马铃薯片，但不包括由调味料及其他辅料引起的异常颜色的马铃薯片。

（6）切片型薯片　马铃薯经清洗、去皮、切片、油炸或烘烤、添加调味料制成的马铃薯片。

（7）复合型薯片　以脱水马铃薯为主要原料，添加食用淀粉、谷粉、食品添加剂等辅料，经混合、蒸煮、成型、油炸或烘烤、调味制成的马铃薯片。

（8）薯片　NY/T 1605 中定义薯片指马铃薯块茎清洗去皮后直接切片，油炸后得到的天然薯片，不包括其他以马铃薯淀粉或全粉为全部原料或部分原料生产的薯片。但严格意义上，炸薯片这一术语还包括以脱水马铃薯粉为原料，加入水及调味品以后，采用烘烤或油炸加工而成的薯片，这 2 种产品在外形上和传统薯片差不多，但原料不一样。

（9）马铃薯雪花全粉　鲜马铃薯经去石、清洗、去皮、拣选、切片、漂烫、冷却、蒸煮、捣泥、滚筒干燥、研磨、包装而成的；尽量使马铃薯细胞不受破坏，保持马铃薯全营养成分和马铃薯色香味的雪花片状或粉末状熟化制品。

（10）斑点　在规定条件下，用肉眼观察到杂色点的数量。以每 100 g 样品（40 目筛上物）中的个数来表示。

（11）蓝值　马铃薯雪花全粉细胞被破坏释放出游离淀粉的程度。

（12）即食土豆泥粉　一种经过工业化烹饪、捣碎并脱水以后包装形成的一种方便型马铃薯加工产品。消费者只需要在家里加入热水或热牛奶，数秒钟就能完成制作，得到的产品类似于用新鲜马铃薯做出来的土豆泥，但花费的时间和精力都非常少。

（13）细度　用分样筛筛分淀粉样品得到的样品通过分样筛的质量，以样品通过分样筛的质量对样品原质量的质量分数来表示。

（14）白度　在规定条件下，淀粉样品表面光反射率与标准白板表面光反射率的比值。以白度仪测得的样品白度值来表示。

（15）黏度　淀粉样品糊化后的抗流动性。可用黏度计（仪）测得样品黏度，并以 BU 来表示。

（16）马铃薯主食产品　以马铃薯原薯或马铃薯原薯（或马铃薯原薯制品）与小麦粉、大米、玉米、杂粮、豆类等粮食为主要原料，或同时配以肉、蛋、水产品、蔬菜、果料、油、糖、调味料等单一或多种配料为馅料，加工成马铃薯（可食部分）干物质含量不低于 15%（干基计，不包括馅料）的满足人们能量和营养需求的主食产品。

（17）马铃薯（可食部分）干物质　马铃薯清洗、去皮后，在 102～105℃条件下，干燥至恒重所剩余的物质。

（18）马铃薯原薯　未经加工的马铃薯。

（19）马铃薯原薯制品　以马铃薯原薯为原料制成的主食产品，亦可作为马铃薯复配主食产品的原料。

(20) 马铃薯生全粉 以马铃薯原薯为原料加工而成的未熟制片屑状或粉状马铃薯原薯制品。

(21) 马铃薯复配主食产品 以马铃薯原薯（或原薯制品）与小麦粉、大米、玉米、杂粮、豆类等单一或多种粮食按一定比例复配的混合物料加工而成的马铃薯主食产品。

四、加工技术要点

1. 冷冻薯条

(1) 薯条加工对原料的要求 《加工用马铃薯 油炸》(NY/T 1605) 在感官指标方面规定了加工用马铃薯块茎的外形要求，包括品种要一致（为同一个品种）；块茎的芽眼几乎与表皮齐平，深度小于 2 mm；优级品薯皮颜色要均匀，一级品和合格品对薯皮颜色没有要求；冷冻薯条的优级品原料不能有混杂，一级品混杂应＜1%，二级品混杂应＜2%；优级品总内、外部缺陷块茎质量分数应≤5%，一级品应≤10%，合格品应≤15%。

在块茎规格方面，要求冷冻薯条的薯形为长形或者长椭圆形（直径＞5 cm，长度＞7.6 cm）；优级品要求质量小于 200 g 块茎的质量分数应＜15%，一级品应＜20%，合格品应＜25%；优质品要求质量为 200～280 g 的块茎质量分数应＜15%，一级品应＜20%，合格品应＜25%；优质品要求质量大于 280 g 的块茎质量分数应＞70%，一级品应＞60%，合格品应＞50%。

冷冻薯条加工厂可以通过分选筛实现薯条加工原料尺寸的控制。薯条加工厂先将马铃薯通过能去除所有异物的滚筒将泥土、小石头和芽去除后，将马铃薯送入清洗笼，如图 9-1（左）。当马铃薯在清洗笼里滚动时，喷水器在其表

图 9-1 马铃薯清洗笼（左）和分类筛（右）

面喷水彻底清洗马铃薯。然后利用马铃薯分类筛，如图 9－1（右），将马铃薯依大小进行分类，它由一层层振动的格架组成，抖动迫使较小的马铃薯通过格架的开口，实现大小不同的马铃薯的分离，大马铃薯用于薯条生产，小马铃薯用于环形或方形薯块生产。

在卫生指标方面，《加工用马铃薯　油炸》（NY/T 1605）明确规定了薯条加工用马铃薯块茎中六六六、滴滴涕、乐果、敌敌畏、杀螟硫磷、溴氰菊酯、氰戊菊酯、双甲脒、多菌灵、百菌清 10 种农药的残留，还对砷、铅和汞 3 种重金属的含量进行了明确限量。

（2）薯条加工对辅料和食品添加剂的要求　食用油应符合《食品安全国家标准　植物油》（GB 2716）和《食品安全国家标准　食用动物油脂》（GB 10146）的规定。《食品安全国家标准　植物油》（GB 2716）规定了植物原油、食用植物油的卫生指标和检验方法，以及食品添加剂、包装、标识、储存、运输的卫生要求。植物原油是指以植物油料为原料制取的原料油，食用植物油是指以植物油料或植物原油为原料制成的食用植物油脂。薯条加工用食用油应具有正常产品的色泽、透明度、气味和滋味，无焦臭、酸败及其他异味。理化指标应符合表 9－2 的相关规定。

表 9－2　马铃薯冷冻薯条加工用植物油理化指标

项目	指标	
	植物原油	食用植物油
酸价（KOH）（$mg \cdot g^{-1}$）	≤4	3
过氧化值（$g \cdot 100\ g^{-1}$）	≤0.25	0.25
浸出油溶剂残留（$mg \cdot kg^{-1}$）	≤100	50
总砷（以 As 计）（$mg \cdot kg^{-1}$）	≤0.1	0.1
铅（Pb）（$mg \cdot kg^{-1}$）	≤0.1	0.1
黄曲霉毒素 B_1（$\mu g \cdot kg^{-1}$）		
花生油、玉米胚油	≤20	20
其他油	≤10	10
苯并（a）芘（$\mu g \cdot kg^{-1}$）	≤10	10
农药残留	按 GB 2763 规定执行	

注：栏内项目如具体产品的强制性国家标注中已作规定，按已规定的指标执行。

《食品安全国家标准　食用动物油脂》（GB 10146）适用于食用动物油脂，包括食用猪油、牛油、羊油、鸡油和鸭油。食用动物油脂是经动物卫生监督机构检疫、检验合格的生猪、牛、羊、鸡、鸭的板油、肉膘、网膜或附着于内脏器官的纯脂肪组织，炼制成的食用猪油、牛油、羊油、鸡油和鸭油。动物油脂的感官要求和理化指标要求分别如表9-3和表9-4所示。

表9-3 马铃薯冷冻薯条加工用动物油脂感官指标

项目	要求	检验方法
色泽	具有特有的色泽，呈白色或略带黄色、无霉斑	取适量试样置于白瓷盘中，在自然光下观察色泽和状态。将试样置于50 mL烧杯中，水浴加热至50℃，用玻璃棒迅速搅拌，嗅其气味，品其滋味
气味、滋味	具有特有的气味、滋味，无酸败及其他异味	
状态	无正常视力可见的外来异物	

表9-4 马铃薯冷冻薯条加工用动物油脂理化指标

项目	指标	检验方法
酸价（KOH）（$mg\cdot g^{-1}$）	≤2.5	GB 5009.229
过氧化值	≤0.2	GB 5009.227
丙二醛（$mg\cdot 100\ g^{-1}$）	≤0.25	GB 5009.181

《马铃薯冷冻薯条》（SB/T 10631）规定了生产用水应符合《生活饮用水卫生标准》（GB 5749）的规定，其他辅料应符合国家相关标准的规定，食品添加剂的品质应符合相关国家标准或行业标准的要求，使用范围和使用量应符合《食品安全国家标准 食品添加剂使用标准》（GB 2760）的规定。

《食品安全国家标准 食品添加剂使用标准》（GB 2760）允许在冷冻薯条中使用焦磷酸钠，最大使用量以磷酸根（PO_4^{3-}）计，最大使用量为1.5 $g\cdot kg^{-1}$。酸式焦磷酸钠（$Na_2H_2P_2O_7$，简称SAPP）和葡萄糖是法式炸薯条加工过程中2种主要的加工助剂，添加SAPP的目的是减少已漂烫的马铃薯切分产品的颜色变暗，葡萄糖的添加是为了获得最终产品均一的标准化的颜色（根据消费者的要求）。葡萄糖溶液浸泡处理可能会影响最终马铃薯加工产品中丙烯酰胺的生成。在北美洲，使用色素如焦糖和胭脂树红代替葡萄糖用于加工马铃薯是允许的。使用焦糖和胭脂树红代替葡萄糖可以分别降低86%和93%的丙烯酰胺的生成，然而，这些色素在欧洲是被限制应用于马铃薯产品加工的。《食品安全国家标准 食品添加剂使用标准》（GB 2760）没有焦糖和胭脂树红用于冷冻薯条加工的相关内容。

(3) 冷冻薯条的感官要求 薯条的颜色可以是白色的、浅黄色或黄色的，薯条颜色应当一致、均匀，必须没有因为还原糖过高引起的黑色、棕褐色等深色的薯条。同时加工用马铃薯块茎生产出的薯条应当具有马铃薯的独特风味，不应有苦味、涩味、麻味和其他不良食味。冷冻薯条感官要求见表 9－5。

表 9－5　冷冻薯条感官要求

项目	要求
形态	条形完整，无明显碎屑
色泽	色泽基本均匀，无油炸过焦的颜色
气味	具有本品固有的气味，无异味
杂质	无肉眼可见杂质、异物

薯条油炸颜色测定方法是从马铃薯块茎样品中随机选出 20 个马铃薯，按直径最大方向切成横截面为 0.2 cm^2 的薯条，从每个块茎不同部位取 4～5 条。将所选的薯条用清水漂洗并将薯条表面的水擦干，然后再放入 190℃的油中炸 3 min。可以用美国农业部（USDA）提供的比色法板（分 000 级、00 级、0 级、1 级、2 级、3 级、4 级）进行比色，小于 2 级的薯条即为合格。

(4) 冷冻薯条的卫生指标　《食品安全国家标准　食品中污染物限量》（GB 2762）规定谷物及其制品铅的限量（以 Pb 计）为 0.2 $mg \cdot kg^{-1}$，检测方法按 GB 5009.12 规定的方法测定。

《食品安全国家标准　速冻面米制品》（GB 19295）规定了生制品的微生物限量，见表 9－6。

表 9－6　生制品的微生物限量

项目	采样方案* 及限量（若非指定，均以 $CFU \cdot g^{-1}$ 表示）				检验方法
	n	c	m	M	
金黄色葡萄球菌	5	1	1 000	10 000	GB 4789.10 平板计数法
沙门氏菌	5	0	0/25	—	GB 4789.4

注：* 样品的采样及处理按 GB 4789.1 执行。

(5) 冷冻薯条生产加工过程的卫生要求　《马铃薯冷冻薯条》（SB/T 10631）规定了冷冻薯条加工过程的卫生要求应符合《食品安全国家标准　食品生产通用卫生规范》（GB 14881）的规定。

①冷冻薯条生产设备应配备与生产能力相适应的生产设备，并按工艺流程有序排列，避免引起交叉污染。生产设备的材质要求与原料、半成品、成品接触的设备和用具，应使用无毒、无味、抗腐蚀、不易脱落的材料制作，并应易

于清洁和保养。设备、工具等与食品接触的表面应使用光滑、无吸收性、易于清洁保养和消毒的材料制作，在正常生产条件下不会与食品、清洁剂和消毒剂发生反应，并应保持完好无损。

②冷冻薯条加工人员健康管理与卫生要求，需要建立并执行食品加工人员健康管理制度，每年对食品加工人员进行健康检查，取得健康证明，上岗前应接受卫生培训。食品加工人员如患有痢疾、伤寒、甲型病毒性肝炎、戊型病毒性肝炎等消化道传染病，以及患有活动性肺结核、化脓性或者渗出性皮肤病等有碍食品安全的疾病，或有明显皮肤损伤未愈合的，应当调整到其他不影响食品安全的工作岗位。

③冷冻薯条加工人员进入生产场所前应整理个人卫生，防止污染食品。进入作业区域应规范穿着洁净的工作服，并按要求洗手、消毒；头发应藏于工作帽内或使用发网约束。进入作业区不应佩戴饰物、手表，不应化妆、染指甲、喷洒香水；不得携带或存放与食品生产无关的个人用品。使用卫生间、接触可能污染食品的物品或从事与食品生产无关的其他活动后，再次从事接触食品、食品器具、食品设备等与食品生产相关的活动前应洗手消毒。

(6) 冷冻薯条的检验规则 同一班次生产和包装，且同品种、同等级、同规格、同净含量的产品为一批。从每批产品中随机抽取样品，抽样量不应少于2 kg。每批产品必须经生产企业检验部门进行出厂检验，检验合格并签发产品合格证后方可出厂。出厂检验的项目包括感官、净含量、金黄色葡萄球菌、沙门氏菌。正常生产时，每半年应进行一次型式检验，型式检验项目包括《马铃薯冷冻薯条》(SB/T 10631) 中规定的全部项目。有下列情况之一时，也应进行型式检验：

①新产品试制鉴定；

②正式投产后，如原料、生产工艺有较大改变，可能影响产品质量时；

③产品停产半年以上，恢复生产时；

④出厂检验结果与上次型式检验有较大差异时；

⑤国家质量监督机构提出要求时。

(7) 冷冻薯条的包装、标签和标识 《加工用马铃薯　油炸》(NY/T 1605) 规定了冷冻薯条的包装容器和材料应符合国家相应的卫生标准和有关规定。定量包装商品的净含量应符合《定量包装商品计量监督管理方法》的规定。

《食品安全国家标准　预包装食品标签通则》(GB 7718) 规定了直接向消费者提供的预包装食品标签标示的内容应包括食品名称、配料表、净含量和规格、生产者或经销商的名称、地址和联系方式、生产日期和保质期、储存条件、食品生产许可证编号、产品标准代码及其他需要标示的内容。

非直接提供给消费者的预包装食品标签应按照直接提供给消费者的预包装食品标签的相应要求标示食品的名称、规格、净含量、生产日期、保质期和储存条件，其他内容如未在标签上标注，则应在说明书或合同中注明。

《加工用马铃薯　油炸》（NY/T 1605）规定了冷冻薯条的运输标志应符合《食品安全国家标准　预包装食品标签通则》（GB 7718）和国家相关法规的规定。

（8）冷冻薯条的储存和运输　《马铃薯冷冻薯条》（SB/T 10631）规定了冷冻薯条产品应储存在（－18±2）℃清洁、干燥、无异味的冷库中。应按品种分别存放，防止挤压等损伤。还规定了冷冻产品运输应采用专用食品箱装运，运输时使用食品冷藏车，运输过程的最高温度不得高于－12℃，应保持车厢内清洁、干燥、无异味、无污染；运输时应避免日晒、雨淋；不得与有毒、有害、有异味或影响产品质量的物品混装运输。

（9）冷冻薯条现行标准的缺点

①等级划分。《马铃薯冷冻薯条》（SB/T 10631）中没有涉及冷冻薯条分级。冷冻薯条等级的确定需要考虑味道、颜色、规格与对称性整齐度、瑕疵、质地等，因此，接下来制定或修改法式炸薯条的标准时可以参考美国的冷冻法式炸薯条等级划分的标准，给予每个因素不同的分值，满分为 100 分：颜色 30 分，规格与对称性整齐度为 20 分，瑕疵 20 分，质地 30 分。

美国 A 级冷冻法式炸薯条适用于除短条外所有拥有如下品质的冷冻法式炸薯条：味道好，颜色好，规格与对称性一致，无瑕疵，质地好，评分不低于 90 分。美国 B 级适用于拥有如下品质特点的所有长度冷冻法式炸薯条：味道较好，颜色较好，规格与对称性较一致，瑕疵少，质地较好，评分不低于 80 分。美国次等冷冻法式炸薯条是指未达到美国 B 级要求。

颜色好（A 级）指的是颜色为非常浅的奶油色到金黄色，而且产品鲜亮，颜色几乎一致，加热后几乎没有与主色调有明显差异的薯条。颜色较好（B 级）指产品颜色是从冷冻法式炸薯条特有的非常浅的奶油色到褐色，而且产品色泽可暗淡，但非异色，加热后个别薯条颜色的差异不会严重影响产品外观。

规格与对称性一致（A 级）指的是短条、细条和不规则薯条所占比例不能超过 15%，短条是指长度小于 2.54 cm 的薯条。规格与对称性较一致（B 级）指的是任何薯条不能严重损害产品外观，短条、细条和不规则薯条所占比例不能超过 30%。

无瑕疵（A 级）中瑕疵指的是影响产品外观或产品可食性的缺点，包括表面区域或内部变色、晒斑、坏死、损坏产品单元、芽眼变色、僵硬区域、碳化斑点等特征。B 级要求产品瑕疵少。

质地好（A 级）指的是薯条外表酥脆度适中，没有显示出与内部有明显分离，不能过度油腻，薯条内部炸制完全、薯条嫩，几乎没有水渍感。B级要求质地较好。

冷冻法式炸薯条长度标准包括特长、长、中长和短。当代表样中超过1/3的产品单元长度达到规定长度且异常薯条数量不超过规定标准，就可归为单一长度标准，否则归为混合长度标准。

味道不进行评分，好味道指的是无酸败味和苦味，无明显焦糊味或焦糖味，同时还要无任何异常气味。味道较好指的是可能有点缺乏好味道和好气味，但无任何令人厌恶的味道和气味。

②丙烯酰胺。近年来，关于对马铃薯加工产品中的食品安全问题的重视，抑制薯条和薯片中丙烯酰胺生成的文献报道比较多。丙烯酰胺是薯条消费者非常关切的食品安全问题，因此，接下来制定或修改法式炸薯条的标准时可以考虑将丙烯酰胺的限量和检测方法添加进去。

丙烯酰胺的分子结构如图9-2所示，具有神经毒性、生殖毒性、致癌性、遗传毒性和致突变性。2011年，*Nutrition* 杂志发表了一篇题为 *Fried potato chips and French fries—Are they safe to eat?* 的文章。阐述了在薯条和薯片加工过程中随着油炸温度的升高，丙烯酰胺含量增加产生的危害。

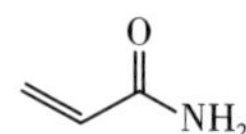

图9-2 丙烯酰胺分子结构

丙烯酰胺的前体物质为游离天冬酰胺和还原糖，二者在高温油炸过程中发生美拉德反应生成丙烯酰胺。研究表明，在油炸前将薯条和薯片浸泡在0.1 $mol \cdot L^{-1}$的硫酸氧钒水溶液中60 min，丙烯酰胺的生成量分别降低89.3%和92.5%；将天冬酰胺和葡萄糖（生成丙烯酰胺的2种底物）按马铃薯中对应的浓度配制成水溶液进行模拟实验（150℃加热30 min）发现，硫酸氧钒同样能显著抑制丙烯酰胺的生成。

2. 薯片 通常意义上薯片的加工过程是将马铃薯切成1～1.5 mm厚的薄片，然后在大约180℃油温下进行油炸，直到薯片变得干燥且酥脆，水分含量通常要控制在1.3%～1.5%。采用不同的植物油得到的薯片风味不同，薯片加工工艺流程如图9-3所示。由于薯片的表面积/体积的数值很大，薯片内部及表面吸附的油脂较多，炸薯片的脂肪含量为40%～45%，有些商品炸薯片的脂肪含量为46%。脂肪含量高的食品很容易引起健康问题。2005年，世界卫生组织（WHO）公布，全球大约有5%的成年人因为食用饱和脂肪酸含量高的高能量食品而导致肥胖。全球的薯片生产商为了顺应时代潮流，很少使用含有反式脂肪酸的氢化植物油来油炸薯片。

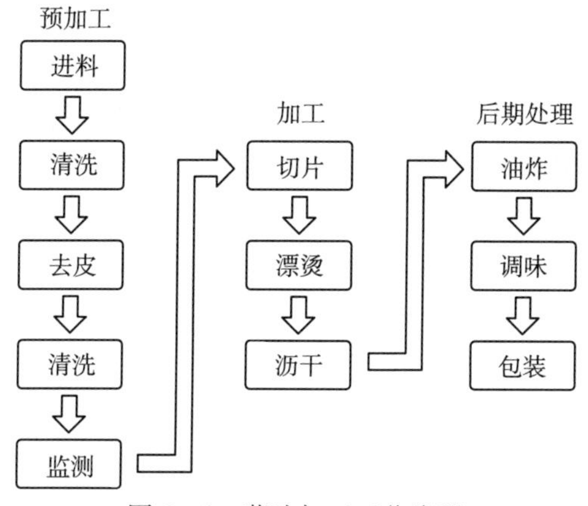

图 9-3　薯片加工工艺流程

（1）薯片加工对原料的要求　鲜切型薯片对马铃薯块茎的原料是有要求的，《加工用马铃薯　油炸》（NY/T 1605）在感官指标方面规定了薯片加工用马铃薯块茎的外形要求，包括品种要一致（为同一个品种）；块茎的芽眼几乎与表皮齐平，深度小于 2 mm；优级品薯皮颜色要均匀，一级品和合格品对薯皮颜色没有要求；薯片的优级品原料不能有混杂，一级品混杂应＜1%，二级品混杂应＜2%；优级品总内、外部缺陷块茎质量分数应≤5%，一级品应≤10%，合格品应≤15%。

在块茎规格方面，NY/T 1605 规定了薯片加工用马铃薯块茎的薯形为圆形或近似圆形（直径 4.0 ～10 cm），优级品要求直径小于 6 cm 块茎的质量分数应＜15%，一级品应＜20%，合格品应＜25%；优级品要求直径为 6～8 cm 的块茎质量分数应＞70%，一级品应＞60%，合格品应＞50%；优级品要求直径大于 8 cm 的块茎质量分数应＜15%，一级品应＜20%，合格品应＜25%。

在卫生指标方面，明确规定了薯片加工用马铃薯块茎中六六六、滴滴涕、乐果、敌敌畏、杀螟硫磷、溴氰菊酯、氰戊菊酯、双甲脒、多菌灵、百菌清 10 种农药的残留，还对砷、铅和汞 3 种重金属的含量进行了明确限量。

复合型薯片加工采用的主要原料为脱水马铃薯，其应当符合《食用马铃薯淀粉》（GB/T 8884）的卫生要求。《马铃薯片》（QB/T 2686）规定脱水马铃薯应符合 GB/T 8884 中的卫生要求不妥，GB/T 8884 只是马铃薯淀粉的标准，非脱水马铃薯的标准，我国目前还没有脱水马铃薯的标准。马铃薯颗粒全粉也属于脱水马铃薯，由于马铃薯颗粒全粉生产成本比雪花全粉高，我国生产颗粒全粉的厂家少，目前还没有相关标准。复合型薯片加工采用的辅料淀粉、谷粉、食品添加剂等也应符合相关标准的卫生要求。

《马铃薯片》（QB/T 2686）规定了马铃薯片加工使用的植物油应符合 GB

2716的标准，同时规定了马铃薯片加工采用的精炼食用植物油应符合GB 15197的规定，但是GB 15197—1994已废止，被《食用植物油卫生标准》(GB 2716)代替，此标准仅供参考，在修订马铃薯片标准时应考虑这一点。

《马铃薯片》(QB/T 2686)规定了食用盐应符合GB 5461的要求。

(2)马铃薯片的感官指标、理化指标和微生物指标 《加工用马铃薯 油炸》(NY/T 1605)明确规定了薯片颜色必须达到规定的范围，薯片的颜色可以是白色的、浅黄色的或黄色的，薯片的颜色应当一致、均匀，不要出现因为还原糖过高引起的黑色、棕褐色等深色的薯片。

薯片油炸颜色测定是从马铃薯原料中随机选取20个马铃薯，按直径最大方向将马铃薯切成0.8～1.2 mm的薄片，每个块茎取中间部位的2～3块薯片。用清水漂洗所选的薯片，将薯片表面的水擦干后放入185℃的油中炸2.5～3 min。可以采取美国方便食品协会(SFA)的10级分级标准(1～10级，极浅至极深，介于2个级别之间，如3级和4级之间，可判别为3.5级)进行颜色比较，所取的薯片数不少于20片，小于4.5级的即可认为是合格的。或者取不少于40片的薯片，用AGTRON读数仪读取颜色分值，AGTRON读数高于55的即为合格。

马铃薯片的感官指标应符合表9-7的规定，理化指标应符合表9-8的规定，微生物指标应符合表9-9的规定。

表9-7 马铃薯片的感官指标

项目	要求
形态	片形较完整，可以有部分碎片
色泽	色泽基本均匀，无油炸过焦的颜色
滋味和气味	具有马铃薯经加工后应有的香味，无焦苦味、哈喇味或其他异味
口感	具有油炸或焙烤马铃薯片特有的薄脆的口感
杂质	无正常视力可见的外来杂质

从表9-8可以看出，马铃薯片的脂肪含量很高。近年来，关于真空油炸薯片的文献报道较多。油炸后，通过离心方式将油脂从薯片上分离以降低薯片最终脂肪含量是一种非常有效的途径。离心法脱油装置是薯片真空油炸装备的关键技术，可以将80%～87%的油脂去除。真空油炸技术(<6.65 kPa)与传统油炸技术相比更健康，产品中脂肪、丙烯酰胺含量低，油质下降慢，产品颜色好(油炸过程缺氧)、风味更佳。实验室规模的真空油炸装置如图9-4所示。

表 9-8　马铃薯片的理化指标

项目	指标	
	切片型	复合型
绿马铃薯片（%）	≤15.0	—
杂色片（%）	≤40.0	5.0
脂　肪（%）	≤50.0	
水　分（%）	≤5.0	
氯化钠（%）	≤3.5	
酸价（以脂肪计）（KOH）（$mg \cdot g^{-1}$）	≤3.0	
过氧化值（以脂肪计）（$g \cdot 100\ g^{-1}$）	≤0.25	
羰基价（以脂肪计）（$meq \cdot kg^{-1}$）	≤20.0	
总砷（以 As 计）（$mg \cdot kg^{-1}$）	≤0.5	
铅（以 Pb 计）（$mg \cdot kg^{-1}$）	≤0.5	

注：食品添加剂应符合 GB 2760 的规定。

表 9-9　马铃薯片微生物指标

项目	指标
菌落总数（$CFU \cdot g^{-1}$）	10 000
大肠菌群（$MPN \cdot 100\ g^{-1}$）	90
致病菌（沙门氏菌、志贺氏菌、金黄色葡萄球菌）	不得检出

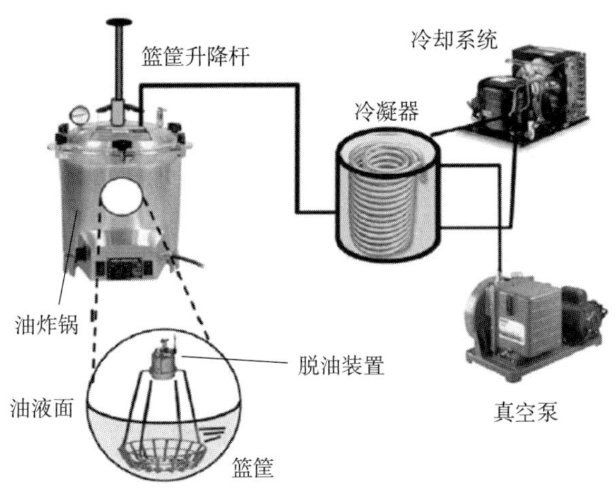

图 9-4　实验室用薯片真空油炸装置

《马铃薯片》(QB/T 2686) 对绿马铃薯片、杂色片、脂肪、水分、氯化钠、酸价、过氧化值、羰基价、总砷、铅、菌落总数、大肠菌群和致病菌等理化指标以及检验规则进行了规定，标准 6.2 中将“杂色片”写成了“染色片”是一个错误，修订该标准时需要更正。绿马铃薯片和杂色片给出了具体试验方法，各种理化指标检测方法引用了相应的国家标准。

(3) 马铃薯片的包装及标签要求 标准规定薯片销售包装的标签应符合 GB 7718 的规定。产品名称可以标示为马铃薯片、土豆片或薯片，还应标明产品的类型，如鲜切型、复合型。通常鲜切型马铃薯片大小不均匀，油炸后弯曲弧度也不一样，采用充氮气包装的居多，而复合型薯片大小一致，弯曲弧度也一致，采用纸盒包装的居多。从市场销售价格来看，复合型薯片通常价格比鲜切型薯片高。

(4) 现行标准的缺点 《马铃薯片》(QB/T 2686) 规定了马铃薯片的术语和定义、分类、要求、试验方法、检测规则和标志，同时适用于切片型马铃薯片和复合型马铃薯片。跟薯条一样，薯片同样存在丙烯酰胺问题，在制定和修改马铃薯片标准时建议考虑补充丙烯酰胺限量标准及检测方法。脂肪含量和反式脂肪酸是薯片当中非常重要的指标，接下来分别进行说明。

①脂肪含量。《马铃薯片》(QB/T 2686) 规定了切片型和复合型薯片的脂肪含量≤50%，采用的检测方法为《食品安全国家标准　食品中脂肪的测定》(GB 5009.6)。

含油量是薯片非常关键的一个指标，由于含油量高所以薯片不能像薯条一样作为主食，只能作为小吃食品。薯片含油量对薯片加工厂非常重要，油是在薯片加工中相当昂贵的原料，在很大程度上决定制成薯片的成本，因此，理想的状况是保持薯片含油量越低越好。高含油量不仅增加了加工厂商的成本，而且会导致薯片油腻或油渍较多，也非消费者所期望的。当然，薯片也不是含油量越低越好，含油量太低会使薯片无味，而且质地看起来较粗糙。

薯片的含油量跟原料干物质含量有关，干物质含量越高含油量越低。油炸前的薯片沥干有利于降低薯片的含油量，水分含量降低相当于提高了原料的干物质含量。薯片油炸前需要用热水冲洗，以便去除还原糖，确保薯片的颜色漂亮。如果改用 5%的食盐溶液，则能降低薯片的含油量。薯片切得薄会增加薯片的含油量，薯条同样作为油炸产品，由于相对薄薯片很粗，因此脂肪含量较少，约为 10%。另外，油脂的种类、油炸温度和油炸时间都会影响薯片的含油量。

在修改马铃薯片的标准时，可以考虑将脂肪含量作为不同等级薯片的品质评价标准之一。

②反式脂肪酸。《马铃薯片》(QB/T 2686) 在原料食用植物油方面规定了

应符合《食品安全国家标准　植物油》（GB 2716）的规定，引用的 GB 2716 不适用于氢化油和人造奶油。薯片当中的反式脂肪酸含量通常是由于采用了氢化植物油引起的，另外长时间高温加热的植物油当中也会产生反式脂肪酸。目前，不少薯片的包装袋上注明了反式脂肪酸的含量为 0%。2015 年 6 月 16 日，美国食品和药物管理局宣布，将在 3 年内完全禁止在食品中使用人造反式脂肪，以降低心脏疾病发病率。《马铃薯片》（QB/T 2686）没有涉及反式脂肪酸含量问题。因此，制定或修改马铃薯片标准时建议规定反式脂肪酸含量的上限及其检测方法。

3. 脱水马铃薯　我国比较常见的马铃薯脱水产品为全粉，主要包括雪花粉和颗粒粉。这 2 种产品采用不同的干燥方式生产，前者采用滚筒干燥工艺，后者采用回填和热气流烘干工艺。在我国，马铃薯脱水产品具有广阔的应用前景，在家庭用的即食土豆泥、面包、饺子、丸子、面条、点心（饼干）、蛋糕、沙拉、砂锅菜等中使用，也可以作为酱汁、膨化食品、火腿、方便面等工业化食品加工原料，马铃薯脱水产品还可以应用于宠物食品。马铃薯脱水产品相对于马铃薯淀粉营养更全面，包含新鲜马铃薯块茎中的蛋白质、纤维素等营养成分，而淀粉已经将这些营养物质去除，在日常饮食当中多吃马铃薯全粉加工成的食品比吃淀粉加工成的食品（如粉丝、粉条）更有益于健康。马铃薯雪花全粉加工工艺如图 9－5 所示。

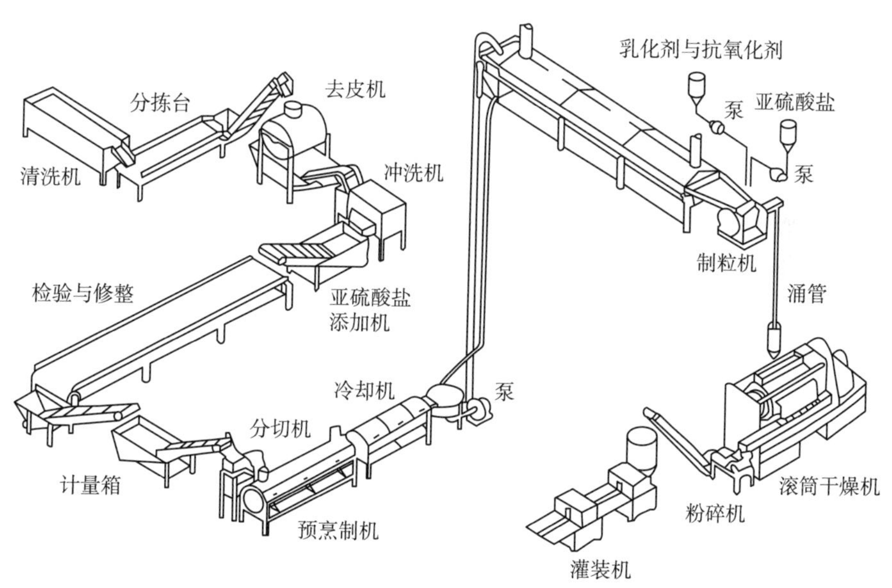

图 9－5　马铃薯雪花全粉加工工艺

（1）马铃薯雪花全粉对原料/辅料/食品添加剂的要求　《马铃薯雪花全

粉》(SB/T 10752)对原料的要求是马铃薯应新鲜，色泽良好，清洁，无腐烂、无霉变、无异味、无发芽、无病虫害症状、无机械损伤和青皮薯。考虑到生产成本，那些高固形物含量的马铃薯更受欢迎。另外，马铃薯雪花全粉加工和淀粉加工不一样，马铃薯淀粉加工只是将淀粉从马铃薯块茎中提取出来，而马铃薯雪花全粉保留马铃薯块茎中所有干物质(除皮外)。因此，马铃薯雪花全粉的原料要求不能有青皮薯(绿皮薯)。青皮薯当中的糖苷生物碱含量高，容易出现食品安全问题。

马铃薯全粉生产的首要条件是对马铃薯原料的选取。优质原料不仅可以生产出合格的产品，而且对于节能降耗、提高出品率有实际价值。在选购原料时，一般应选择土块、杂质含量少，薯皮薄，光洁完整，无损伤、无虫蛀、无病斑的成熟新鲜马铃薯。每一批原料的品种应单一纯正，薯块外形应规整，芽眼浅而少，果肉浅黄色或白色，干物质含量≥20%，还原糖含量≤0.2%，直径≥40 mm，长度≥50 mm。如果储存一定时间的马铃薯原料有发芽、发绿、霉变的，必须严格将芽、变绿或霉变的部分削掉或者完全剔除，以保证马铃薯制品的糖苷生物碱含量不超过0.02%，否则将不符合卫生要求。

为保证加工制品的品质和提高原料的利用率，加工不同薯类食品最好选用不同的薯类加工专用品种。加工全粉型优质专用品种，在降低还原糖含量的同时，要提高淀粉含量、营养成分含量及干物质总量。生产上选用的马铃薯块茎的相对密度一般应在1.06～1.08，原料薯相对密度每增加0.005，最终产量将增加1%。

《马铃薯雪花全粉》(SB/T 10752)规定了马铃薯雪花粉生产用水应符合《生活饮用水卫生标准》(GB 5749)的规定，这一点与冷冻薯条是一致的。马铃薯雪花粉加工使用的其他辅料应符合国家相关标准的规定，使用的食品添加剂的质量应符合相应标准和食品添加剂有关管理规定，食品添加剂的品种和使用量应符合GB 2760的规定。

《食品安全国家标准　食品添加剂使用标准》(GB 2760)允许在脱水马铃薯粉中使用的添加剂包括二丁基羟基甲苯，其作用是作为抗氧化剂，最大使用量为0.2 g•kg^{-1}(以油脂中的含量计)；焦亚硫酸钠等漂白剂、防腐剂、抗氧化剂，最大允许使用量为0.4 g•kg^{-1}(最大使用量以二氧化硫残留量计)；二氧化钛，作为着色剂，最大使用量为0.5 mg•kg^{-1}；核黄素，作为着色剂，最大使用量为0.3 g•kg^{-1}；硬脂酰乳酸钠和硬脂酰乳酸钙，作为乳化剂和稳定剂，最大使用量为2.0 g•kg^{-1}。

(2) 马铃薯雪花粉感官要求、理化指标和卫生要求　马铃薯雪花全粉的感官要求是色泽均匀，具有马铃薯雪花全粉的气味，组织状态呈干燥、疏松的雪花片状或粉末状，无结块，无霉变，无肉眼可见的外来杂质。理化指标应符合

表 9－10 的规定。

表 9－10　马铃薯雪花粉理化指标

项目	指标
水分（%）	≤9.0
灰分（以干基计）	≤4.0
还原糖（%）	≤3.0
斑点［个·40 目筛上物 100 g^{-1}］	≤50
蓝值（样品为 80 目筛上物）	≤500

斑点是马铃薯雪花全粉一个非常重要的指标，使用储藏时间较长的马铃薯作为原料加工出来的马铃薯雪花粉容易出现斑点数量较多的情况，其检测方法为取 100 g 马铃薯雪花全粉放于玻璃板上，然后用小匙逐步摊薄并观察杂色斑点的数量。

蓝值是马铃薯雪花粉另一个非常重要的指标，指马铃薯雪花全粉细胞被破坏释放出游离淀粉的程度。《马铃薯雪花全粉》（SB/T 10752）附录 A 提供了马铃薯雪花粉蓝值的详细测定方法，原理是采用热抽提法提取马铃薯全粉样品中的游离物质，以标准碘溶液显色，在波长 650 nm 条件下测定吸光值，以计算出马铃薯全粉的蓝值。

在卫生要求方面，《马铃薯雪花全粉》（SB/T 10752）规定了马铃薯雪花粉总砷、铅应符合 GB 2713 的规定。《食品安全国家标准　淀粉制品》（GB 2713）并未对淀粉制品污染物限量做出具体规定，而是引用了 GB 2762。淀粉制品是指以薯类、豆类、谷类等植物中的一种或几种制成的食用淀粉为原料，经和浆、成型、干燥（或不干燥）等工艺加工制成的产品，如粉条、粉丝、粉皮、凉粉等。根据定义，马铃薯雪花全粉不属于淀粉制品，因此，修订《马铃薯雪花全粉》（SB/T 10752）时应考虑这一点，建议直接引用 GB 2762 而非 GB 2713。

《食品安全国家标准　食品中污染物限量》（GB 2762）规定谷物及其制品总砷的限量（以 As 计）为 0.5 mg·kg^{-1}，检验方法按 GB 5009.11 规定的方法测定。同时规定了蔬菜及其制品（豆类蔬菜、薯类）中铅的限量（以 As 计）为 0.2 mg·kg^{-1}，检测方法按 GB 5009.12 规定的方法测定。

在感官要求、理化指标和卫生要求方面，《马铃薯雪花全粉》（SB/T 10752）对各项指标的检测方法及检验规则进行了明确规定，感官指标、水分、灰分、还原糖、总砷、铅、二氧化硫残留量、菌落总数、大肠菌群、霉菌、致病菌（沙门氏菌、金黄色葡萄球菌、志贺氏菌）等均引用了相应国家标准中规定的检测方法。

(3) 马铃薯雪花粉的包装、标志及储运 在包装方面,《马铃薯雪花全粉》(SB/T 10752)规定了包装容器和材料应符合 GB 9683 和 GB 4806.7 的规定,定量包装商品的净含量应符合《定量包装商品计量监督管理办法》的规定。外包装标识应符合 GB/T 191 的要求,标签应符合 GB 7718 的规定。

《马铃薯雪花全粉》(SB/T 10752)规定了马铃薯雪花粉应存放于清洁、通风、阴凉、干燥的仓库内,并应离地离墙,不得与有异味物品一起堆放。在运输马铃薯雪花粉时,运输工具必须洁净,严禁将马铃薯雪花粉与有毒、有害、有异味物品混运,运输中应避免受潮、受压、暴晒。

(4) 现行标准的缺点 我国目前没有马铃薯颗粒粉的相关标准,马铃薯颗粒粉既可以用于家庭和饭店,也适用于其他群体性用餐机构。但是,由于马铃薯颗粒粉的工艺复杂,设备数量多、耗能大,生产线和运行成本都比马铃薯雪花粉高,使其推广应用受到限制。目前,马铃薯颗粒全粉生产线在国内仅有1～2条,因此我国马铃薯脱水产品主要是马铃薯雪花粉。

马铃薯颗粒粉用于制备马铃薯泥,不仅方便,而且品质优,其口感、口味更接近新鲜薯泥。马铃薯颗粒粉相对于马铃薯雪花粉,具有高容重的特点,因此,马铃薯颗粒粉包装和运输成本低。与马铃薯颗粒粉相比,马铃薯雪花粉的密度较低。

4. 马铃薯淀粉 主要有 3 种不同工艺生产加工马铃薯淀粉(图 9－6),其清洗、磨碎等前序步骤基本相同。马铃薯磨碎时,细胞破裂,形成淀粉团粒、破碎细胞壁、周皮和胞内残留物的混合物。胞内残留物主要是一些可溶性蛋白质、氨基酸、糖和盐,也称为马铃薯汁水。因淀粉、纤维和马铃薯汁水 3 种组分分离的先后顺序不同,可分为 3 种不同工艺。①先从磨碎的马铃薯中分离出淀粉,然后从马铃薯汁水中分离出纤维;②先从磨碎的马铃薯中分离出马铃薯汁水,再进行淀粉与纤维分离;③先从磨碎的马铃薯中分离出纤维,再从马铃薯汁水中分离出淀粉。这 3 种工艺在淀粉得率、蛋白产量、能耗和成本等方面各有优缺点。总体来讲,马铃薯淀粉的加工过程包括抽样检查、清洗、锉磨、过滤、离心、精制、脱水、干燥和储存等过程。

(1) 马铃薯淀粉的感官要求、理化指标和卫生指标 《食用马铃薯淀粉》(GB/T 8884)将马铃薯淀粉分成优级品、一级品和合格品 3 类,优级品和一级品要求马铃薯淀粉的色泽洁白带光泽,合格品洁白即可。所有级别的马铃薯淀粉气味方面都不得有异味,口感方面无砂齿,无外来物杂质。优级品马铃薯的水分含量应为 18%～20%,一级品和合格品应≤20.0%。优级品的灰分(干基)应≤0.30%,一级品应≤0.40%,合格品应≤0.50%。优级品蛋白质(干基)应≤0.10%,一级品应≤0.15%,合格品应≤0.20%。优级品的斑点

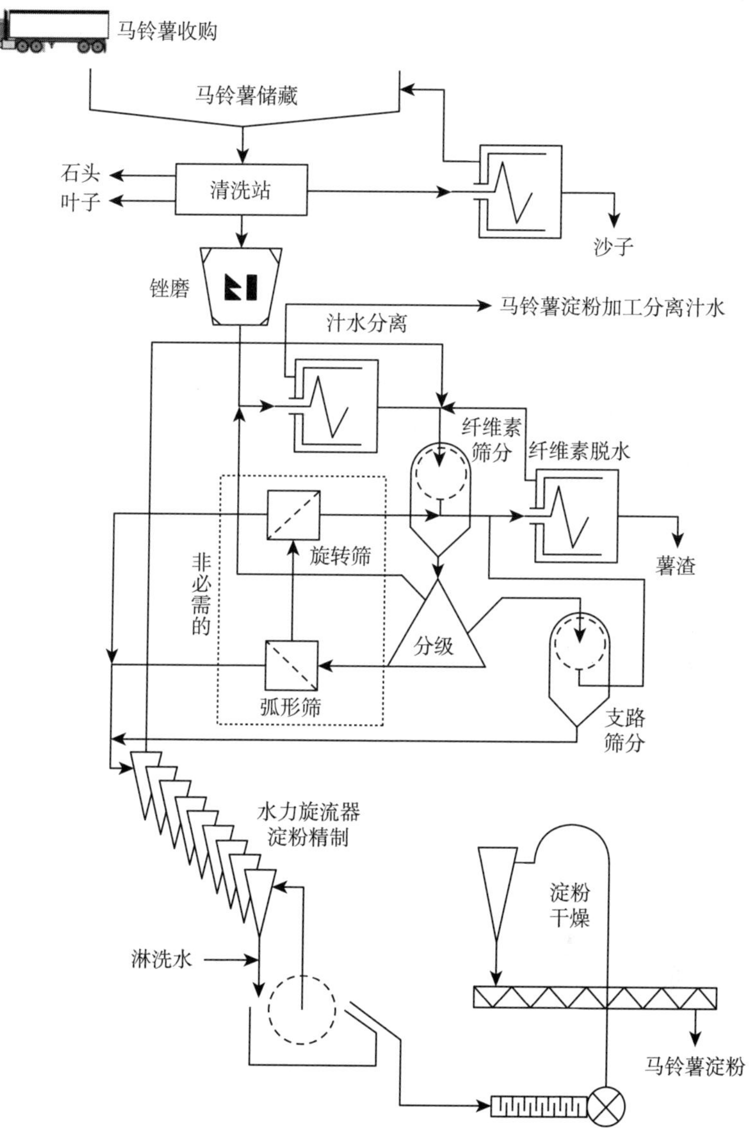

图 9-6　马铃薯淀粉加工的工艺流程

应≤3 个 · cm^{-2}，一级品应≤5 个 · cm^{-2}，合格品应≤9 个 · cm^{-2}。优级品的细度在 150 μm（100 目）筛通过率≥99.9%（质量分数），一级品应≥99.5%（质量分数），合格品应≥99.0%（质量分数）。优级品的白度（457 nm 蓝光反射率）应≥92%，一级品应≥90%，合格品应≥88%。优级品的黏度应≥1 300 BU，一级品应≥1 100 BU，合格品应≥900 BU。电导率方面，优级品应≤100μs · cm^{-1}，一级品应≤150 μs · cm^{-1}，合格品应≤200 μs · cm^{-1}。

3 个等级的马铃薯淀粉 pH 范围均为 6.0～8.0。

卫生指标方面，规定优级品马铃薯淀粉的二氧化硫≤10 mg·kg^{-1}，一级品应≤15 mg·kg^{-1}，合格品应≤20 mg·kg^{-1}。3 个等级的马铃薯淀粉的砷都应≤0.30 mg·kg^{-1}，铅含量都应≤0.50 mg·kg^{-1}。菌落总数方面，优级品应≤5 000 CFU·g^{-1}，一级品和合格品应≤10 000 CFU·g^{-1}。霉菌和酵母菌数，优级品应≤500 CFU·g^{-1}，一级品和合格品都应≤1 000 CFU·g^{-1}。大肠菌群，优级品应≤30 MPN·100 g^{-1}，一级品和合格品应≤70 MPN·100 g^{-1}。

《马铃薯淀粉》(GB/T 8884) 对马铃薯淀粉的灰分、水分、电导率、蛋白质、细度、黏度、白度、斑点、二氧化硫、砷、铅、菌落总数、酵母菌和霉菌、大肠菌群等理化指标和微生物指标的检测方法引用了相关国家标准，并对检验规则进行了明确规定。

(2) 马铃薯淀粉的标签、标志、包装和储运 《食用马铃薯淀粉》(GB/T 8884) 规定了马铃薯淀粉的标签、标志应按 GB 7718 的规定执行，并明确标出淀粉产品标准等级的代号，外包装上的文字内容与图示应符合 GB/T 191的规定。同一规格的包装容器要求大小一致，干燥、清洁、牢固并符合相关的卫生要求。包装材料应符合食品要求的纸袋、编织袋、塑料袋、复合膜袋等。包装应严密结实，防潮湿，防污染。

同时，还规定马铃薯淀粉运输设备应清洁卫生，无其他强烈刺激味，运输时不得受潮。在整个运输过程中要保持干燥、清洁，不得与有毒、有腐蚀性物品混装、混运，避免日晒和雨淋。装卸时应轻拿轻放，严禁直接钩、扎包装袋。马铃薯淀粉储存环境应阴凉、干燥、清洁、卫生，有防鼠、防潮设施，不应和对产品有污染的货物在一起储存。马铃薯淀粉储存产品应分类存放，标识清楚，货堆不宜过大，防止损坏产品包装。

(3) 现行标准的缺点 目前，我国标准在禁止马铃薯淀粉中掺兑其他植物来源的廉价淀粉或非淀粉成分方面存在不足，因此，在制定和修订马铃薯淀粉标准时可以增加一些检测指标。

各种不同来源的淀粉可以根据其理化性质进行区分：

①马铃薯淀粉颗粒的形貌特征和颗粒大小与其他淀粉不同，检测原理简单，用普通光学显微镜即可完成。

②马铃薯淀粉的直链/支链淀粉组成与其他淀粉有差异，可以把支链淀粉含量 70%～80%作为一个理化指标并提供检测方法。

③马铃薯淀粉存在掺兑非淀粉成分的可能，红外光谱分析是鉴定马铃薯淀粉当中是否掺兑其他非淀粉成分的理想检测方法。

不同来源的淀粉理化性质具有一定的差异，大规模商业化生产的淀粉有相应的国家标准，标准中对应检测指标可用于鉴定区分不同来源淀粉，检测结果可作为高价淀粉掺兑低价淀粉的依据。显微镜观察是一种简单且非常可靠的检测手段，不同的淀粉颗粒大小不同，形态特征不同，一般用光学显微镜就能区分。

4 种不同来源淀粉的电子显微镜扫描图片如图 9-7 所示，马铃薯淀粉同马铃薯块茎一样呈椭球形，马铃薯淀粉颗粒最大，小颗粒的粒径为 1～20 μm，大颗粒的粒径为 20～110 μm。甘薯淀粉呈球形（图中有些淀粉颗粒不完整，可能是小作坊加工粉碎时将淀粉切碎造成的），粒径大小为 2～60 μm。槟榔芋淀粉粒径最小，仅 1.3～2.2 μm。谷子（小米）淀粉颗粒呈棱角分明的多角形，小颗粒的粒径为 0.42～2.25 μm，大颗粒的粒径为 3.42～29.26 μm。木薯淀粉粒径为 5～35 μm，平均粒径为 20 μm，木薯淀粉比较便宜，其他淀粉掺兑木薯淀粉可以通过显微镜进行鉴定。

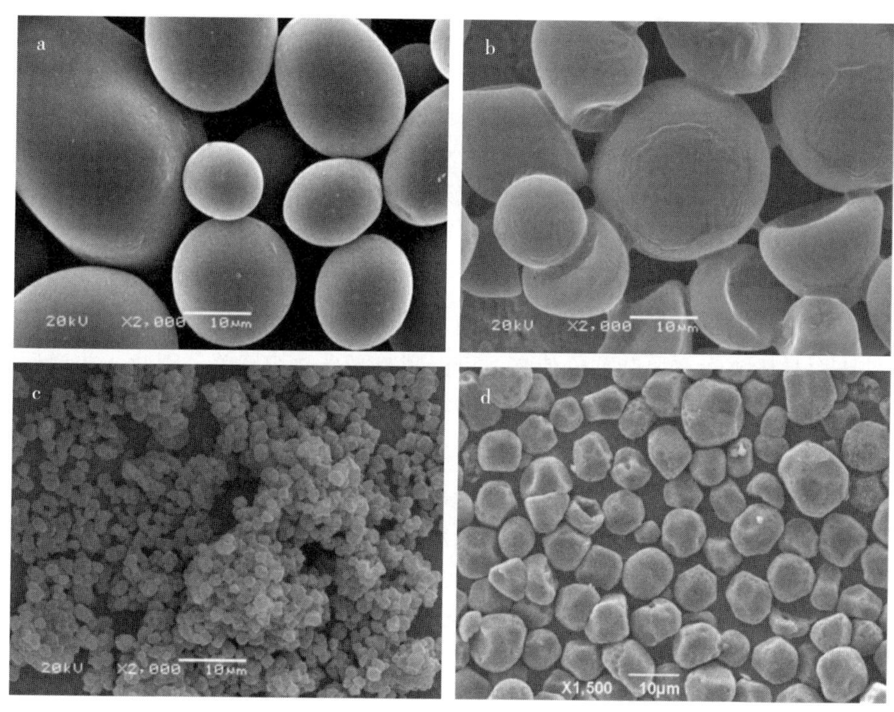

图 9-7　不同来源淀粉的电子显微镜扫描图

a. 马铃薯　b. 甘薯　c. 槟榔芋　d. 谷子

淀粉通常由直链淀粉和支链淀粉组成，不同来源的淀粉组成不一样。直链淀粉通过 α-1，4-糖苷键将葡萄糖分子连接起来，支链淀粉通过 α-1，6-糖苷键将葡萄糖分子连接起来（图 9-8）。直链淀粉、支链淀粉含量的测定方法包括差示扫描量热仪法（DSC）、高效空间排阻色谱法（HPSEC）、近红外光谱法（NIR）、热重法（TG）和分光光度法等。

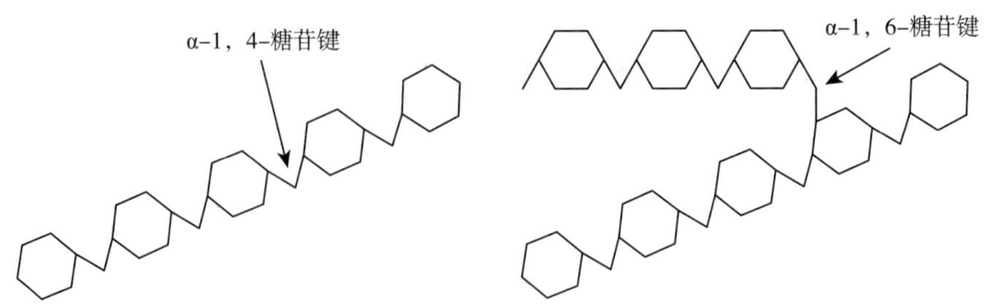

图 9－8　直链淀粉（左）和支链淀粉（右）

（4）需补充产后处理标准　马铃薯糖苷生物碱是马铃薯块茎中存在的一种二级代谢产物，具有中枢神经毒性，能造成肝损伤、破坏细胞膜从而危害消化系统和影响新陈代谢，国际安全标准为最高 200 mg・kg^{-1}。1997 年，美国分析化学家协会（AOAC）颁布了官方方法 AOAC Official Method 997.13，用于马铃薯块茎中的糖苷生物碱含量的测定，采用高效液相色谱法（HPLC），该标准方法已经可以通过一针进样同时检测 α-茄碱和 α-卡茄碱。然而，我国一些水果蔬菜店、农贸市场和超市等仍有销售绿薯的现象，这些马铃薯存在糖苷生物碱超标风险。目前，我国还没有马铃薯块茎中糖苷生物碱限量标准，也没有检测方法相关标准。

马铃薯浓缩蛋白是从马铃薯淀粉加工分离汁水当中回收的蛋白质，由于马铃薯蛋白品质非常高，营养价值高，可以同鸡蛋蛋白相媲美。因此，在食品加工和饲料行业都具有广泛的应用前景。我国北方地区的马铃薯主产区淀粉加工厂比较集中，部分淀粉厂已建立从马铃薯淀粉加工分离汁水中回收蛋白质的生产线，并有相关产品上市，但缺乏相关产品质量标准。欧盟已制定马铃薯浓缩蛋白及水解产物的相关标准。因此，制定一个马铃薯浓缩蛋白及水解产物的质量标准非常有必要，包括干物质含量、蛋白质含量、灰分含量、糖苷生物碱含量、赖氨酸、丙氨酸等指标。

第十章

马铃薯储藏

一、概述

马铃薯产业已成为我国旱作农业区农民致富和增加收入的重要产业。近年来，我国积极推进马铃薯主粮化，这势必是一个重要的机遇。然而，农户、种植大户和合作组织掌握的马铃薯储藏技术不足，储藏设施水平低，储藏期间管理措施不到位，造成我国每年有15%～20%的马铃薯在储藏期间发芽、失水和腐烂，失去加工、食用价值，造成经济损失约1亿元。安全储藏是发展我国马铃薯产业和推进主食化的重要环节和保证。1974年，国际标准化组织发布了《马铃薯　储存指南》(ISO 2165—1974)，该标准首次规范了供食用、加工用马铃薯的储藏方法，但规定仅仅确定了主要关键的技术指标，需针对不同国家和地区以及自动化程度进行进一步细化。发达国家（如荷兰、英国等）的马铃薯储运已经依据该国际标准形成标准化管理并融入冷链储运之中，这使得发达国家的马铃薯在储藏期间的损失率降到了很低的水平。1990年，国际标准化组织又发布了《马铃薯　人工通风仓库储存指南》(ISO 7562—1990)。随着对马铃薯储藏技术规范化需求的日益增长，为了填补国内在此项工作的空白，我国在2011年也发布实施了等同该标准的国家标准《马铃薯　通风库储藏指南》(GB/T 25872)，并在以后相继发布了一些有关马铃薯储藏技术的国家标准、行业标准等，详见表10-1。

表10-1　马铃薯储藏技术标准

序号	标准名称	标准号
1	薯类储藏技术规范	NY/T 2789
2	马铃薯储藏设施设计规范	GB/T 51124
3	马铃薯脱毒种薯储藏、运输技术规程	GB/T 29379
4	马铃薯　通风库储藏指南	GB/T 25872
5	早熟马铃薯　预冷和冷藏运输指南	GB/T 25868

（续）

序号	标准名称	标准号
6	农药田间药效准则（二） 第137部分：马铃薯抑芽剂试验	GB/T 17980.137
7	马铃薯辐照抑制发芽技术规范	NY/T 2210

二、标准应用情况

《薯类储藏技术规范》（NY/T 2789）中的马铃薯储藏技术、《马铃薯 通风库储藏指南》（GB/T 25872）、《马铃薯脱毒种薯储藏、运输技术规程》（GB/T 29379）和《早熟马铃薯 预冷和冷藏运输指南》（GB/T 25868）都根据马铃薯产业储藏技术的需要，规定了不同用途马铃薯的收获、质量要求、储藏设施、预处理、储藏条件、标识、运输和出库等技术操作规范。而《马铃薯储藏设施设计规范》（GB/T 51124）具体规定了储藏设施的设计规范，适用于新建、改建、扩建马铃薯储藏设施的设计。《农药田间药效准则（二）第137部分：马铃薯抑芽剂试验》（GB/T 17980.137）和《马铃薯辐照抑制发芽技术规范》（NY/T 2210）分别规定了马铃薯抑芽剂田间药效小区试验的方法和辐照抑制发芽的技术方法。

三、基础知识

为便于对标准技术内容的理解，下面列出了储藏窖、储藏库、自然通风库（窖）、强制通风库（窖）、恒温库、缺陷薯、马铃薯压力、马铃薯重力密度、马铃薯堆内摩擦角、预处理、吸收剂量 D、辐照工艺剂量、最低有效剂量、最高耐受剂量、剂量不均匀度等与马铃薯储藏技术相关的基本术语及其定义。

（1）储藏窖 室内地平面低于室外地平面的高度超过室内净高 1/3 的储藏设施。

（2）储藏库 室内地平面低于室外地平面的高度不超过室内净高的 1/3 的储藏设施。

（3）自然通风库（窖） 利用自然环境条件，通过内外温差或压力差进行自然通风，提供适宜的薯类储藏环境条件的设施。

（4）强制通风库（窖） 利用外界自然冷源，具有机械通风设备和通风系统，人为控制进行内外空气快速交换，提供适宜薯类储藏环境条件的设施。

（5）恒温库 具有机械强制通风、控温和控湿设备，能够准确控制环境（温度、湿度等），提供精准的薯类储藏环境条件的设施。

（6）缺陷薯　有畸形、次生、串薯、龟裂、虫害、冻伤、草穿、黑心、空心、发芽、失水萎蔫、机械损伤等缺陷的马铃薯块茎。

（7）马铃薯压力　马铃薯作用在接触物体表面上的压力。

（8）马铃薯重力密度　单位体积马铃薯的重量。

（9）马铃薯堆内摩擦角　马铃薯自然堆积时与地面能形成的最大夹角。

（10）预处理　在适宜的温度下，将采收后薯块的呼吸热和多余的水分及时散发，创伤愈合，薯皮木栓化的过程。

（11）吸收剂量 *D*　任何电离辐射，授予质量为 dm 的物质的平均能量 dE 除以 dm 的商值，即：$D=dE/dm$，单位名称为戈瑞，符号为 Gy，$1\ Gy=1\ J\cdot kg^{-1}$。

（12）辐照工艺剂量　为了达到预期的工艺目的所需的吸收剂量范围，其下限值应该大于最低有效剂量，上限值应小于最高耐受剂量。

（13）最低有效剂量　达到马铃薯辐照抑制发芽目的的最低吸收剂量，即工艺剂量的下限值。

（14）最高耐受剂量　不影响马铃薯食用品质和功能特性的最高吸收剂量，即工艺剂量的上限值。

（15）剂量不均匀度　同批产品中，最大与最小吸收剂量之比。

四、安全储藏技术要点

1. 适时收获

（1）不同用途马铃薯的收获期要求　适时收获是保证产品质量和储藏安全的重要环节，收获不当容易引起块茎还原糖含量增加或发生腐烂。马铃薯的收获应根据植株生长情况、气候状况、病害发生程度、生产目的和市场需求适时进行。

①需要冬储类马铃薯的收获期。作为冬储鲜食薯、油炸薯和淀粉加工原料的马铃薯（加工薯），应在生理成熟期收获，以保证块茎的干物质含量及产量达到最高，并保证储藏安全。正常情况下，当地上部匍匐茎自然干枯后采收；若成熟期经常遭遇涝害、连阴雨等威胁时，应提早收获，以免块茎腐烂，不利于储藏。

②不用长期储存的鲜食薯收获期。春季早熟马铃薯随收随上市供应，不用长期储存的鲜食薯，其收获期要视市场需求、收益多少及后茬作物播种期而定，以获取最高效益为原则。

③种薯收获期。种薯应根据病虫害发生情况和块茎成熟度确定合适的收获日期。此外，可根据产地实地调研情况以及参考《北方马铃薯适时收获安全储藏运输技术》，确定其他收获时应遵循的技术要求。

(2) 马铃薯收获前杀秧 马铃薯收获前杀秧可使匍匐茎松散易脱离块茎，加速块茎成熟、薯皮老化。杀秧也被用于限制种薯块茎大小，减少病害的传播。

杀秧主要采用化学法或机械法或二者兼用。确定采收前，若植株未自然枯死，可提前7～10 d割秧晒地，即割掉地上部茎叶并运出田间，以减少块茎感染病菌和达到晒地的目的，并使薯皮老化。

(3) 马铃薯收获天气要求 选择晴天收获，避免雨天收获。因为晴天收获时土壤较干燥，薯块带泥少，储藏时可减少泥土带菌对薯块的传播。此外，薯块表面易干燥，储藏时可减少薯块的腐烂。

(4) 马铃薯收获机械要求 薯块的机械损伤，一方面影响薯块的外观，另一方面是损伤后的薯块在伤口处极易感染病菌，造成薯块腐烂，影响之后的储藏效果。因此，要选择适宜的收获农机具，采运过程中尽量避免薯块机械损伤和减少薯块的转运次数。

(5) 马铃薯收获时装运及存放要求 按照不同品种、不同用途（种薯、鲜食、加工薯）的不同要求分别收获。先装运种薯再装运鲜食薯和加工薯。并分开存放种薯、鲜食薯和加工薯。如果不注意这一点，很容易混杂，并给后期的储藏管理、药剂处理带来不必要的麻烦。

(6) 晾晒 收获时，可在田间适当晾晒，使薯块表面干燥。干燥的薯块不易带泥、染菌。

(7) 避免暴晒、雨淋和霜冻 收获后，应避免暴晒、雨淋和霜冻，马铃薯长时间暴露在阳光下会变绿。变绿会产生对人体有害的茄碱等物质。

(8) 收获时对不同用途的薯块进行初选 在收获时应对不同用途的薯块进行初选，目的是保证储藏期间薯块的品质，减少腐烂损失。应除去薯块表面泥土，并进行筛选。筛选种薯时，应剔除带病虫、损伤、腐烂、不完整、有裂皮、受冻、畸形及杂薯等；筛选鲜食薯和加工薯时，应剔除发青、发芽、虫蛀、腐烂、损伤、受冻及畸形薯等。带病、腐烂的薯块易造成健康薯块的发病；受冻的薯块流出的液体也会染到其他储藏薯块；以发青、发芽薯块为原料的鲜食加工产品中对人体有害的茄碱含量会明显增加，不能用来食用；损伤的薯块伤口易感染病菌，引发储藏期烂窖。

(9) 收获运输中使用的工具、容器等应进行消毒 在收获运输过程中，最大限度减少薯块损伤，同时为了减少伤口染菌的机会，收获运输中使用的工具、容器等应进行消毒。消毒药剂可使用过氧乙酸、二氧化氯、来苏水等符合《食品安全国家标准　食品添加剂使用标准》（GB 2760）要求和国家有关规定的化学药剂，也可以采用热力、光照、辐射等物理方法进行消毒。尤其要对种薯收获时使用的工具、容器等设施进行消毒。特别要注意的是，针对鲜食薯和加工薯收运设施、设备的消毒一定要采用食用安全规定的杀菌剂进行消毒，以免引发食品安全问题。

2. 入库（窖）薯质量要求

（1）种薯入库（窖）质量要求　按照《马铃薯种薯》（GB 18133）中第5条的要求，马铃薯种薯分为原原种、原种、一级种和二级种，各级别种薯的质量要求在该国家标准中进行了详细规定。

（2）鲜食薯入库（窖）质量要求　鲜食薯的质量要求按照《马铃薯等级规格》（NY/T 1066）中4.1的要求，将马铃薯鲜食加工薯分为特级、一级和二级3个级别，并规定了各级别种薯详细的质量要求。此外，考虑食品安全的问题，还增加了马铃薯中污染物和农药残留限量标准要求，限量范围应符合《食品安全国家标准　食品中污染物限量》（GB 2762）和《食品安全国家标准　食品中农药最大残留限量》（GB 2763）的要求。

（3）加工薯入库（窖）质量要求

①薯片、薯条用加工薯入库（窖）质量要求。加工薯的质量要求中，薯片、薯条用加工薯按照《加工用马铃薯　油炸》（NY/T 1605）中第4条的要求将薯片、薯条用加工薯分为优级品、一级品和合格品3个等级，并规定了各级别块茎对品种、芽眼、薯块表面、薯皮颜色、混杂、总内外部缺陷块茎质量分数、薯形和块茎规格大小的要求。

②淀粉用加工薯入库（窖）质量要求。对于淀粉用加工薯参考了俄罗斯标准《加工用新鲜马铃薯》（GOST 6014—1968）中的淀粉含量13%～16%，而我国马铃薯淀粉含量较高，一般在15%～18%，同时考虑到我国马铃薯单元种植规模较小，企业加工规模不大。因此，为了提高企业效益，增加农民马铃薯种植收益，确定了淀粉用加工薯淀粉含量要求不小于16%，污染物和农药残留限量应符合《食品安全国家标准　食品中污染物限量》（GB 2762）和《食品安全国家标准　食品中农药最大残留限量》（GB 2763）的要求。

3. 储藏设施技术要求

（1）设施分类　我国是马铃薯主产国，生产主要以农户为单位进行小规模操作运行，并兼有马铃薯合作社和大型储藏加工企业，因此马铃薯的储藏设施也是多种多样。根据我国储藏设施的现状，将设施有代表性的分为自然通风库（窖）、强制通风库（窖）和恒温库3种，其中自然通风库（窖）是我国农户采用最多、使用最广泛的一种库（窖）类型；与自然通风库（窖）相比，强制通风库（窖）增加了机械通风设备和通风系统，一些合作社和储藏加工企业多采用该类型库（窖），其优点是可人为调控内外空气快速交换；恒温库不仅配有机械制冷和强制通风设备，还能够准确控制环境温湿度，是自动控制程度比较先进的储藏设施，在发达国家如英国、荷兰等的应用十分普遍，这种储藏设施在我国还处于起步阶段，仅少数大型储藏加工企业使用。恒温库的优点是不依赖外界气候条件，完全人为地控制通风、温度和二氧化碳浓度在最适宜马铃薯的储藏条件，自动化、智能化程度较高，管理方便。在《马铃薯储藏设施设计规范》（GB/T 51124）中，有详细的新建、改建、扩建马铃薯储藏设施设计的相关内容。

（2）辅助设备与设施 根据产业调研及生产实际情况，在储藏设施中需要配置温度、湿度等监测设备，包括控温、控湿、施药、消毒、照明、传送、分级、保温等设施和设备。其中温度、湿度等监测设备和控温控湿设施为马铃薯储藏过程中达到最适宜储藏条件提供支持与保障；施药、消毒设施可利用药剂有效抑制薯块的发芽或病害的发生；照明设备为库（窖）提供基本的照明条件，传送设备方便薯块的出入库，省时省力；分级设备可直接对储藏薯进行储前或储后的分级，保证提高薯块的储藏质量和储后商品性；保温设施可在寒冷气候下防止薯块发生冷害和冻害，高热气候条件下防止热害发生。因此，这些设施设备在薯块的储藏过程都很重要。

（3）设施准备 设施准备是薯块储藏前进行的必要准备工作。根据马铃薯储藏的日常管理工作需要，确定了如下5个基本要求。

①检查。首先应检查库（窖）整体的安全性、牢固性、密封性、保温性，通风管道的畅通情况，风机、照明、监测、传送等设备的运行情况，以防马铃薯入库储藏过程中出现问题，影响储藏的顺利进行。

②清杂。储藏前一个月应将库（窖）内杂物、垃圾清理，彻底清扫库（窖）内环境卫生，以防止细菌滋生，侵染藏薯。

③通风。储藏前1～2周，还应将库（窖）的门、窗、通风孔打开，充分通风换气，目的是使新鲜空气流入库（窖）中，减少不利于藏薯的有害气体，流动的空气也可降低空间中菌孢的数量；还可利用外界与库（窖）内昼夜温差适时通风，降低库（窖）温度，调节到适宜薯藏温度。

④控湿。对于气候比较干燥的地区，应在储藏前2～3周，用适量水浇库（窖）地面，控制相对湿度为85%以上，库（窖）内湿度过低，藏薯易失水，影响品质。而对于气候比较潮湿、地下水位较高的地区，主要以降低湿度为主，湿度过高会使部分薯块长期浸泡在水里，易发生薯块腐烂，甚至烂窖，因此应将库（窖）门窗打开进行通风散湿；也可在库（窖）地面、墙壁摆放不少于5 cm厚的消毒秸秆，或在库（窖）地面铺放疏密均匀、清洁干燥的砖块、干木板等架空，均有利于防潮湿、通气。

⑤消毒。种薯储藏设施的消毒按照《马铃薯脱毒种薯储藏、运输技术规程》（GB/T 29379）中7.4和7.5的要求，规定地面、墙面、库（窖）顶和库（窖）门附近区域可用45%百菌清烟剂、高锰酸钾与甲醛溶液混合密闭熏蒸

1～2 d，然后通风 1～2 d；或用 1%的次氯酸钠溶液喷雾，密闭 1～2 d，然后通风 1～2 d；或用饱和的生石灰水喷洒；也可用 50%多菌灵可湿性粉剂 800 倍液喷雾消毒。如果储藏库有可移动的木条箱、支架、通风管道、木板等可拆卸和搬动的物品，宜放在室外干净的空地喷洒消毒剂，然后用阳光暴晒消毒。而对于鲜食薯和加工薯，考虑到食品安全性，确定储藏前 1 周左右，对储藏库（窖）、辅助设施及包装材料（袋、箱等）进行彻底消毒，可使用符合 GB 2760 要求和国家有关规定的化学药剂或采用热力、光照、辐射等物理方法进行消毒。

（4）储藏期间的日常维护　要经常检查库（窖）体有无鼠洞，若发现鼠洞，应及时进行堵塞；经常检查库（窖）周围的排水情况，注意防止雨水、地下水渗入窖内；随时检查库（窖）体结构安全性，发现库（窖）体裂缝、下沉等涉及安全的问题，及时处理，以及检查通风系统通畅情况，确保安全使用；经常维护库（窖）内照明、风机、温湿度控制及监测设备、辅助设备等，确保设施、设备正常运行和使用。

4. 预储技术

（1）预储条件　刚收获的马铃薯呼吸旺盛，需要预储。主要原因：一是薯块处于浅休眠状态，且表皮湿度大，温度也比较高，呼吸作用较强；二是一些成熟度不太好的块茎，薯皮较嫩、周皮未木栓化，生理活性强度大；三是受伤块茎的伤口尚未愈合，如果立即入窖储藏，块茎会产生大量热量，使薯堆发热。

对马铃薯预储条件的国内外标准进行比较，并结合相关研究结果，将预储条件确定为：温度 12～18℃、相对湿度 85%～95%的环境下，预储 1～2 周；温度 10～12℃、相对湿度 85%～95%的环境下，预储 2～3 周；温度 7～10℃、相对湿度 85%～95%的环境下，预储 3 周以上；温度 7℃以下伤口不愈合，易染病。

（2）预储方法　根据我国储藏现状和调研情况确定了 2 种预储方式。针对没有较好储藏设施条件的地区，应选择在避光阴凉且通风良好的室内、荫棚下或露天（薯堆上应覆盖透气的遮光物）进行预储。薯堆上覆盖遮光物，以避免薯块见光变绿。散堆薯堆高不宜超过 0.5 m，宽不宜超过 2 m，保持良好通风，以及时散除薯块产生的大量呼吸热；袋装薯堆每垛不宜超过 6 层，垛宽不宜超过 2 m，垛与垛间距不宜小于 0.6 m，垛向应与当地风向一致，以便于通风散热。

针对储藏设施条件较好的地区，即具有强制通风库（窖），可直接在库（窖）内进行储藏初期管理。温湿度的控制方法按照《马铃薯　通风库储藏指南》（GB/T 25872）中 3.2.2 的要求，即温度和相对湿度的控制可通过内部和外界空气的流动或混合空气的流通来达到；只有当外界温度比储藏库内温度至少低2℃时才可利用外部空气的流动来调节温湿度；内部空气的流通是为了减小堆垛顶部和底部的温度差异，温度差不宜超过2℃；外界引入空气的变化速度或循环空气的循环率应依据当地的气候条件而定。强制通风、人为控制的通风量参照ISO 6822—1984和BS 5502—71—1992以及《排风式通风方式对储藏马铃薯和环境条件的影响》，并根据不同地区气候条件规定通风量，通常寒冷干燥地区通风量相对较小，温暖湿润地区通风量相对较大。每天降温的范围在0.5～1℃，以确保不会产生冷凝水。

5. 储藏条件要求

(1) 最适宜温度和湿度 储藏温度过高易引起腐烂和发芽，温度过低会造成冷害甚至冻害。在储藏期间，保持适宜的湿度可以减少自然损耗，有利于保持块茎新鲜度。但若过于潮湿会使库（窖）内顶上形成水滴，导致薯皮潮湿，易使薯块遭受病原微生物的侵染，感染腐生菌造成块茎腐烂；若湿度过低，库（窖）内干燥，块茎失水，并容易使块茎变软和皱缩。因此，温湿度的控制是马铃薯储藏技术的关键。

《薯类储藏技术规范》（NY/T 2789）规定种薯温度应控制在2～4℃，鲜食薯温度应控制在3～5℃，加工薯储藏温度一般应控制在8～12℃（研究发现，一般加工薯温度低于7.8℃时就会产生还原糖。薯条用薯一般在8～10℃，短期储藏一般在10～12℃，以避免藏薯量大，局部过冷造成低温糖化的经济损失），也可根据品种本身耐低温、抗褐变等特性确定适宜温度。堆垛内外温差不超过2℃，以保证充足通风，以防局部过热而造成薯皮潮湿，发生腐烂。相对湿度应控制在85%～95%（北方干燥地区有时只能保证湿度在85%以上，达不到90%）。

(2) 库（窖）内二氧化碳含量 库（窖）内通风不良就会累积过多的二氧化碳，二氧化碳浓度过高会抑制块茎的正常呼吸，造成薯块黑心，甚至烂窖。对于种薯来说，长期将种薯储藏在二氧化碳浓度较高的环境中，影响种薯发芽，增加田间的缺苗，生长期间植株发育不良，影响产量；而对于加工薯来说，二氧化碳浓度过高会使块茎产生黑心，直接影响加工产品质量。因此，控制二氧化碳浓度在储藏技术中也很重要。

对于马铃薯种薯，按照《马铃薯脱毒种薯储藏、运输技术规程》（GB/T 29379）中9.2.4的要求，即当种薯垛内部二氧化碳含量超过2 000mg・kg^{-1}时应及时进行通风。对于鲜食薯和加工薯，*Potatoes postharvest* 中指出二氧化碳浓度不宜高于0.5%。此外，全球最大的马铃薯仓储商也在《论马铃薯仓储》中指出了同样的要求，从而确定了该技术要求。

(3) 库（窖）内光照 种薯按照《马铃薯 通风库储藏指南》（GB/T

25872）中 3.2.1 的要求，储藏后期可利用散射光照射，散射光照度最小为 75 lx。一方面，促使马铃薯种薯产生抵御各种病原菌入侵的物质，如茄碱等；另一方面，可将种薯催芽，达到田间增产的效果。鲜食薯、加工薯应避光储藏，作业时应使用低度的电灯照明，作业完成后应及时关灯，以防受光照变绿的薯块茄碱含量增高，人畜食用后可引起中毒。

（4）人工管理要求 对于储藏期间的马铃薯要及时检验，《马铃薯　通风库储藏指南》（GB/T 25872）中的 4.2 有详细检验和通风检验规则，检验后及时去除烂、病薯，尽量控制病害发生，抑制薯块过早发芽。如发生热窖，应及时翻窖进行散热，确保不降低马铃薯储藏质量。

6. 抑芽剂的使用 马铃薯自然度过休眠期后，就具备了发芽条件，特别是在温度超过 5℃以上的环境下长期储存，会很快度过休眠期自然发芽。然后进入萌芽期，由于芽体生长需要消耗大量的营养和水分，薯块会变软、变皱，且薯块内部也会发生生理代谢和生物学变化，使储存的淀粉、蛋白质转化为糖和氨基酸，在芽的周围产生大量的茄碱，从而影响块茎品质，降低了商品性，严重影响马铃薯的食用价值和加工价值。因此，在萌芽期开始使用马铃薯抑芽剂，效果十分理想。

（1）马铃薯抑芽剂的药效试验 《农药田间药效准则（二）　第 137 部分：马铃薯抑芽剂试验》（GB/T 17980.137）详细介绍了抑芽剂药效试验的条件、设计、数据调查、记录、药效计算以及结果处理。

马铃薯抑芽剂的施药时间一般是在收获后的 15 d 进行。因为抑芽剂有阻碍块茎损伤组织愈合及表皮木栓化的作用，所以需要收获 2～3 周的时间使块茎损伤组织自然愈合后施用。另外，需要注意的是，马铃薯抑芽剂不能使用在种薯上，也不能在种薯储藏窖内进行抑芽处理，以避免影响种薯发芽，造成生产损失。

（2）马铃薯辐照抑制发芽技术 电离辐射可降低或抑制酶的活性，延缓甚至终止马铃薯薯块中的生命活动，达到长期保存的目的。有研究表明，马铃薯块茎辐照吸收 0.1 kGy 后，常温储存 300 d，仍不发芽；而未经辐照处理的块茎，在常温下储存 40 d，发芽率达 100%，完全无法使用。因此，电离辐射是抑制马铃薯发芽的有效方法。

《马铃薯辐照抑制发芽技术规范》（NY/T 2210）规定了马铃薯块茎辐照抑制发芽的辐照前和辐照要求、辐照后质量要求以及辐照标识和运输、储存要求。标准中规定适用于马铃薯辐照的电离辐射有：^{60}Co、$^{137}C_s$ 放射性核素产生的 γ 射线；加速器产生的不高于 5 MeV 的 X 射线；加速器产生的不高于 10 MeV的电子束。马铃薯辐照抑制发芽的总体平均吸收剂量为 0.1 kGy，最低有效剂量为 0.075 kGy，最高耐受剂量为 0.15 kGy。产品辐照的剂量不均匀度≤2.0，若用加速器辐照则要求产品辐照的剂量不均匀度≤1.5。

7. 防腐剂的使用

（1）鲜食薯和加工薯 对于鲜食薯和加工薯，考虑到食品安全问题，确定应使用对人体无毒无害的、符合《食品安全国家标准 食品添加剂使用标准》（GB 2760）中要求的防腐剂。

（2）种薯 对于种薯防腐剂的使用，调研发现有超过1/3的种薯采用化学药剂处理，防止病害入侵或减少病害蔓延，从而减少马铃薯种植病害的发生。国外常采用抑霉唑、噻菌灵浸泡或喷洒种薯来防治一些真菌病害，或将它们制成包衣剂、粉剂等来处理种薯。国内也有拌种剂的使用，由50%烯酰吗啉、80%代森锰锌和72%硫酸链霉素混合，加入吸附缓释剂及助剂制成。因此，种薯防腐剂除使用《马铃薯脱毒种薯储藏、运输技术规程》（GB/T 29379）提出的种薯防腐剂外，还可使用广谱性强、对环境无污染并符合国家有关规定的药剂进行处理。

8. 标识 在储藏期间，储藏的每个堆垛及最小包装单元均应单独建立储藏标识，以防在同一储藏库（窖）内储藏多个品种或同一品种不同用途的薯块时发生混杂。参考《农作物种子标签通则》（GB 20464）和《蔬菜包装标识通用准则》（NY/T 1655），确定了种薯标签应符合《农作物种子标签通则》（GB 20464）中的规定，鲜食薯应包括品种、用途、产地、收获时间、等级规格、数量、入出库（窖）日期、保质期；加工薯应包括品种、用途、产地、收获时间、等级规格、数量、入出库（窖）日期等。

9. 运输和出库 运输前需要经过检疫部门检验，出具检疫证书。运输过程中轻装、轻卸，运输的适宜温度为2～18℃，早熟马铃薯的冷藏运输温度为10～12℃，相对湿度为85%～95%。包装好的马铃薯在运输车中的排列应达到满载时能够通风，并在运输期间维持适宜的温度和相对湿度，进行温度和相对湿度的连续监控。

标准建议选择晴朗的天气出库（窖），装运过程中避免机械损伤，其他技术要求与运输相同，避免冷热造成损失。

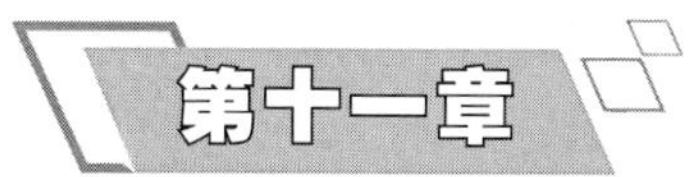

马铃薯生产农业气象观测

一、概述

农业气候资源指的是光照、温度、湿度、风力等气象因子的数量及强度，能够对农业生产发展起到一定影响的气候条件。当这些气候条件异常时，就对农业生产造成了不可避免的灾害，即农业气象灾害，如由温度引起的热害、冻害、冷害等，由降水引起的旱灾、涝灾、雪灾、冰雹灾害等，由风力引起的暴风、台风、飓风等。因此，进行农业气象观测工作尤为重要。一方面，农业气象观测工作可以充分开发利用农业气象资源，为农作物种植管理、小气候调节及作物种植合理布局作出科学规划，促进农业增产丰收，提升农业经济效益；另一方面，可根据农业气象情报，有效地防御农业气象灾害，减少气象灾害损失。

随着社会的发展及人民生活水平的提高，对马铃薯产品的品质也有了更高的要求，农业产业对气象服务工作的质量要求也愈来愈高。我国于 2015 年 12 月 11 日发布的《农业气象观测规范　马铃薯》（QX/T 300），对马铃薯农业气象观测的规则有了明确规定。

二、标准应用情况

《农业气象观测规范　马铃薯》（QX/T 300）规定了马铃薯生产农业气象观测的规则，包括观测原则和地段选择，发育期、生长状况、产量要素、主要农业气象灾害和病虫害的观测和调查、主要田间工作记载，观测结果的记载、记录格式等内容。适用于马铃薯农业气象观测的业务、服务和研究。

三、基础知识

为便于理解标准内容，下面列出了发育期、植株高度、植株密度、净作、间作、套作、屑薯率、鲜蔓重、薯蔓比等与马铃薯农业气象观测相关的基本术语及其定义。

(1) 发育期 马铃薯植株从播种到收获出现外部形态变化的各个日期。

(2) 植株高度 土壤表面到马铃薯主茎顶端的长度。

(3) 植株密度 单位土地面积上马铃薯植株的数量。单位以株 · m^{-2} 表示。

(4) 净作 在同一块田地上、同一生长季内只种植马铃薯的方式。

(5) 间作 在同一块田地上、同一生长季内有马铃薯和其他生育季节相近的作物成行或成带（多行）间隔种植的方式。

(6) 套作 在前季作物生长后期的株、行或畦间种植马铃薯的方式。

(7) 屑薯率 单薯重不大于 25 g 的薯块占称量样本总重的百分比。

(8) 鲜蔓重 可收期 40 株鲜蔓的平均质量乘以每平方米的株数，以 g · m^{-2} 表示。

(9) 薯蔓比 样本薯块总重和样本鲜蔓总重的比值。

四、农业气象观测技术要点

1. 观测原则

(1) 对于马铃薯的农业气象观测遵循 2 个原则，即平行观测和点面结合。平行观测就是一方面要观测马铃薯生长环境的气象、土壤等物理要素，另一方面要观测植株的生育进程、生长状况、产量和品质的形成情况。且当马铃薯观测地段的气象条件与气象观测场基本一致时，气象台的基本气象观测一般可作为平行观测中的气象要素部分（必要时可进行农业小气候观测）。点面结合就是既要在相对固定的观测地段进行系统观测，又要在农业生产的关键季节、作物生育的关键时期、气象灾害和病虫害发生时进行较大范围的农业气象调查，以增强观测的代表性。

(2) 选择地段的原则是选择能代表当地一般情况下气候、土壤、地形、地势、耕作制度及产量水平的地段，具体要求可见 QX/T 300 附录 A。

(3) 建立健全观测工作的规章制度，保证观测工作的顺利进行和观测质量的不断提高。

2. 观测内容 《农业气象观测规范　马铃薯》（QX/T 300）中规定了观测内容要求及观测方法，详见表 11 - 1。

表 11-1　马铃薯农业气象观测内容要求

观测内容	观测时间	观测地点	观测项目
发育期	2 d 观测 1 次，开花期上午、其他时期下午观测	观测地段 4 个区内，各 1 个测点	播种期、出苗期、分枝期、花序形成期、开花期、可收期
生长状况	分枝期、可收期	测点附近，具有代表性地块	植株高度、植株密度
大田生育状况	分枝、可收普遍期后 3 d 内	马铃薯高、中、低产量水平的地区选 3 类有代表性地块	植株高度、植株密度
产量要素	可收期	观测地段 4 个区内，各 1 个测点	株薯块重、屑薯率、理论产量、鲜蔓重、薯蔓比
气象灾害	从受害开始至受害症状不再加重为止	观测地段（重大灾害发生时，县域范围调查）	灾害名称、受害期、天气和气候情况、受害症状、受害程度、预计对产量的影响
病虫灾害	从发生至不再发展或加重为止	观测地段	病虫害名称、受害期、受害症状、受害程度、预计对产量的影响

注：生长状况中植株密度的观测有净作和间套种 2 种。

马铃薯发育期观测时，遇到下列情况需要特殊处理：

（1）若因品种原因，进入发育期的植株达不到 10%或 50%时，到该发育期的植株数连续观测 3 次总增长量不超过 5%时结束观测。若因气候原因造成的上述情况，则需要继续观测。

（2）如果发现观测结果中发育期百分率有倒退现象，应立即重新观测，检查观测是否有误或观测植株是否缺乏代表性，以后一次观测结果为准，并分析原因。

（3）因品种、栽培措施等原因，有发育期未出现或发育期出现异常的现象，应予以记载。

（4）固定观测植株失去代表性，应在观测点内重新固定植株观测，当测点内植株有 3 株或以上失去代表性时，应另选测点并备注。

（5）在规定观测时间遇到有妨碍进行田间观测的天气或灌溉可推迟观测，过后及时进行补测。如出现进入发育期百分率超过 10%、50%或 80%，则将本次观测日期相应作为进入始期、普遍期或末期的日期。

3. 观测结果

(1) 结果记载　田间工作记载包括观测地段上的栽培管理项目、起止日期、方法和工具、数量、质量和效果；记载项目又包括整地、播种、移栽、田间管理、收获、质量和效果评定等。所有观测和分析的内容均需要按规定填写农气观测簿和农气观测表，并按规定时间上报主管部门。

农业气象观测应由专人负责，并保持相对稳定。观测人员要严格执行观测规范和有关技术规定，严禁推测、伪造和涂改记录；不得缺测、漏测、迟测和擅自中断、停止观测；记录字迹要工整。

（2）气象条件鉴定 大量相关试验表明，同一气象因子在作物不同发育阶段中所起的作用不同，而在同一发育阶段中各种气象因子对作物的影响也不同，相互间不可取代。在分析农业气象条件对马铃薯的影响时，分析关键阶段的关键影响因子特别重要。对于马铃薯生育期气象条件的鉴定主要是从积温、降水、日照条件等方面总结分析。分析气象条件对马铃薯生长发育和产量、品质形成的影响，同时分析观测地段的气象灾害和病虫害的发生情况对马铃薯产量的影响。

参 考 文 献

蔡军，李慧，胡梦龙，等，2016. 转基因成分分析检测技术研究进展 [J]. 食品安全质量检测学报，7 (2)：706 - 714.

曹永生，方沩，2010. 国家农作物种质资源平台的建立和应用 [J]. 生物多样性，18 (5)：454 - 460.

程岚，2010. 农机经营服务实用指南 [M]. 银川：阳光出版社.

杜木军，杨华，李博，等，2015. 马铃薯杀秧技术 [J]. 农机使用与维修 (9)：66 - 67.

韩黎明，童丹，2016. 中国马铃薯产业质量标准体系建设研究 [J]. 中国食物与营养，22 (5)：17 - 22.

阚春月，王守法，杨翠云，2010. 植物种传病害检测技术的研究进展 [J]. 安徽农业科学，38 (15)：7956 - 7959.

李守强，田世龙，李梅，等，2009. 马铃薯抑芽剂的应用效果研究 [J]. 中国马铃薯，23 (5)：285 - 287.

李守强，田世龙，陶宇立，等，2013. 排风式通风方式对储藏马铃薯和环境条件的影响 [J]. 粮食加工 (4)：69 - 72.

刘祖昕，石彦琴，李树君，等，2014. 我国马铃薯种薯标准化现状及推进对策 [J]. 标准科学 (6)：59 - 62.

王燕龙，姜言生，曲志才，等，2012. SSR 分子标记在作物种质资源鉴定中的应用 [J]. 山东农业科学，44 (10)：11 - 18.

威廉·F·塔尔博特，奥拉·史密斯，2016. 马铃薯生产与食品加工 [M]. 刘孟君，译. 上海：上海科学技术出版社.

杨万林，杨芳，2013. 中国马铃薯标准体系建设与发展策略 [J]. 中国马铃薯，27 (4)：250 - 254.

朱旭，王希卓，孙洁，等，2014. 中国马铃薯产业标准体系建设现状分析及对策研究 [J]. 农产品加工 (学刊) (1)：41 - 44.

EDITORIAL，2011. Fried potato chips and French fries - Are they safe to eat? [J]. Nutrition，27：1076 - 1077.

KALITA D，JAYANTY S S，2013. Reduction of acrylamide formation by vanadium salt in potato French fries and chips [J]. Food Chemistry，138 (1)：644 - 649.

WU H，JOUHARA H，TASSOU S A，et al.，2012. Modelling of energy flows in potato crisp frying processes [J]. Applied Energy，89：81 - 88.

YAGUA C V，MOREIRA R G，2011. Physical and thermal properties of potato chips during vacuum frying [J]. Journal of Food Engineering，104：272 - 283.

ZENG F K，LIU H，LIU G，2014. Physicochemical properties of starch extracted from *Colocasia esculenta*（L.）Schott（Bun - long taro）grown in Hunan，China [J]. Starch/Stärke，66：142 - 148.